南昆山

NAN KUN SHAN

野生观赏花卉

YE SHENG GUAN SHANG HUA HUI

广东省农业科学院环境园艺研究所
广东龙门南昆山省级自然保护区
主编　徐晔春　崔晓东　张应扬

中国林业出版社

图书在版编目（CIP）数据

南昆山野生观赏花卉 / 徐晔春, 崔晓东, 张应扬 主编.
— 北京：中国林业出版社, 2017.7
ISBN 978-7-5038-9158-8

Ⅰ.①南… Ⅱ.①徐…②崔…③张… Ⅲ.①野生观赏植物 – 花卉 –
介绍 – 龙门县 Ⅳ.①S68

中国版本图书馆 CIP 数据核字 (2017) 第 162295 号

中国林业出版社
责任编辑：袁绯玭　李　顺
出版咨询：（010）83143569

出版：中国林业出版社（100009 北京西城区德内大街刘海胡同 7 号）
网站：http://lycb.forestry.gov.cn/
印刷：深圳市汇亿丰印刷科技有限公司
发行：中国林业出版社
电话：（010）83143500
版次：2017 年 9 月第 1 版
印次：2017 年 9 月第 1 次
开本：787mm × 960mm　1 / 16
印张：21
字数：200 千字
彩图：1200 幅
定价：298.00 元

序 言

    南昆山位于广东省惠州市境内，与广州市辖区的增城、从化交界。主峰天堂顶海拔 1210 m，区内峰峦迭嶂、溪流密布，且雨量充沛，属南亚热带常绿阔叶林，是世界同纬度地区森林植被的典型代表，具有物种丰富、起源古老、珍稀物种繁多等特征，被誉为"北回归线上的绿洲"、"南国避暑天堂"、"珠三角后花园"。据统计，南昆山现有高等维管束植物（含栽培及种下单位）219 科 828 属 1931 种。

    野生观赏花卉是重要的观赏资源，课题组成员先后 50 余次进入南昆山林区实地调查，实地拍摄了大量观赏植物，如伯乐树、两广梭罗、香港四照花、深山含笑、黄花鹤顶兰、广东木瓜红、木油桐等，积累了大量一手资料。在调查中，又发现了数十种南昆山新分布种，很多均有较高的观赏价值，如细裂玉凤花种群往往数十株

乃至上百株丛生在一起；发现的独蒜兰种群可能是其在广东省分布的南限。另外也发现了少量的广东新分布种，如短药沿阶草，花朵极似小小的铃铛，极为美丽。值得一提的是，褐花羊耳蒜在从化采集到标本的 82 年后在南昆山和从化两地同时发现活体植株，是可喜可贺之事，从侧面说明了南昆山植物的多样性。

该书内容丰富，图片精美，向读者介绍了 148 科 387 属 589 种野生观赏花卉，且部分种类有较高的潜在应用价值，为引种、利用、开发与保护提供有益的参考。

周仲珩

2017 年 6 月

前　言

　　广东龙门南昆山省级自然保护区位于广东省中南部，龙门县西南，与广州市增城区、从化区交界，1984 年经广东省人民政府批准建立，2002 年成立广东龙门南昆山省级自然保护区管理处。保护区总面积 1887hm²，森林覆盖率高达 98.8%，平均海拔 600 多米，主峰天堂顶海拔 1210 m。保护区地处北回归线北缘，林木茂密，物种丰富，是世界同纬度地区少见的保存较为完好的南亚热带常绿阔叶林，素有"南粤天然氧吧"、"北回归线上的绿洲"之美誉。

　　本区植物种类丰富，有伯乐树、黑桫椤、绣球茜草等多种国家Ⅰ、Ⅱ级保护植物。项目组历时两年对南昆山的野生观赏花卉资源进行了详细调查，发现了大量南昆山新分布种，如五岭龙胆、南投万寿竹、细裂玉凤花、钩状石斛、白花线柱兰、大柱莓草、纤草、弯梗拔葜、大叶金牛、短药沿阶草、冬青叶桂樱及瑶山凤仙花等，其中瑶山凤仙花、杯药草及短药沿阶草为广东新分布。特别意外的是在南昆山发现了褐花羊耳蒜，早在 1935 年岭南大学自然博物馆的曾怀德在从化采到两份标本，其中一份放到美国阿诺德树木园，直到 2007 年美国兰科植物专家保罗·欧莫洛看到标本，才将其定名

为褐花羊耳蒜（*Liparis brunnea*），2017 年清明期间，销声匿迹 80 多年的褐花羊耳蒜在南昆山和从化两地同时发现开花及结果的活体植株，这也充分反映了南昆山植物的多样性。

本书由广东省农业科学院环境园艺研究所与广东龙门南昆山省级自然保护区管理处共同组织编写。蕨类植物采用秦仁昌系统，裸子植物采用郑万均系统，被子植物采用哈钦松系统，收录了蕨类 14 科 17 属 20 种，裸子植物 5 科 6 属 8 种，被子植物 129 科 364 属 561 种，共收录 148 科 387 属 589 种有较高观赏价值的南昆山野生观赏花卉，共精选了 1230 张高清图片，每种花卉给出了中文名、别名、学名、形态及生境，可使广大读者在欣赏美丽野生花卉的同时，掌握野生观赏花卉的基本信息，更好地了解南昆山植物的多样性，从而使广大读者更加向往大自然、热爱大自然。本书的出版也将对南昆山植物多样性保护工作起到积极的推动作用。

本书在编写过程中，难免有错漏之处，敬请广大读者批评指正。

目录

木莲

◆ 学名：*Manglietia fordiana*
◆ 科属：木兰科木莲属

识别要点及生境：

常绿乔木，高达 20 m。叶革质，狭倒卵形至倒披针形。花被片纯白色，每轮 3 片，外轮 3 片质较薄，近革质，内 2 轮的稍小，常肉质。聚合果褐色，卵球形。花期 5 月，果期 10 月。生于山地阔叶林中。

木莲植株局部

木莲花被片白色

毛桃木莲

◆ 学名：*Manglietia kwangtungensis*
◆ 科属：木兰科木莲属

识别要点及生境：

乔木，高达 14 m。叶革质，倒卵状椭圆形、狭倒卵状椭圆形或倒披针形。花芳香，花被片 9，乳白色，内两轮厚肉质。聚合果卵球形。花期 5~6 月，果期 8~12 月。生于山地林中。

毛桃木莲枝叶

毛桃木莲花被片乳白色

长梗木莲

◆ 学名: *Manglietia longipedunculata*
◆ 科属: 木兰科木莲属

识别要点及生境：

　　常绿乔木。叶倒卵状椭圆形至椭圆形，厚革质。花芳香，花被片9~12，正面白色，背面浅绿色，花丝紫红色。蓇葖果木质。花期5~6月，果期8~9月。生于常绿阔叶林中。

长梗木莲的花被片白色

长梗木莲枝叶

厚叶木莲

◆ 学名: *Manglietia pachyphylla*
◆ 科属: 木兰科木莲属

识别要点及生境：

　　乔木，高达16m。叶厚革质，坚硬，倒卵状椭圆形或倒卵状长圆形。花梗粗壮，花芳香，白色，花被片9~10，外轮3片倒卵形，中轮及内轮3片肉质。聚合果椭圆体形。花期5月，果期9~10月。生于林中。

厚叶木莲花被片白色

厚叶木莲花序

含笑

◆ 学名：*Michelia figo*
◆ 科属：木兰科含笑属

识别要点及生境：

　　常绿灌木，高 2~3 m。叶革质，狭椭圆形或倒卵状椭圆形。花直立，淡黄色而边缘有时红色或紫色，具甜浓的芳香，花被片 6，肉质，较肥厚。聚合果，蓇葖果卵圆形或球形。花期 3~5 月，果期 7~8 月。生于阴坡杂木林中。

含笑枝叶

含笑花被片淡黄色

含笑植株局部

深山含笑

◆ 学名：*Michelia maudiae*
◆ 科属：木兰科含笑属

识别要点及生境：

常绿乔木，高达 20 m。叶革质，长圆状椭圆形，很少卵状椭圆形。花芳香，花被片 9，纯白色，基部稍呈淡红色，外轮倒卵形，内两轮则渐狭小，近匙形。聚合果，种子红色。花期 2~3 月，果期 9~10 月。生于山地密林中。

深山含笑植株

深山含笑叶片

深山含笑花被片白色

野含笑

◆ 学名：*Michelia skinneriana*
◆ 科属：木兰科含笑属

识别要点及生境：

　　常绿乔木，高可达 15 m。叶革质，狭倒卵状椭圆形、倒披针形或狭椭圆形。花梗细长，花芳香，花被片 6，倒卵形。聚合果，蓇葖黑色。花期 5~6 月，果期 8~9 月。生于山谷、山坡、溪边密林中。

野含笑花被片特写

野含笑叶片

野含笑花枝

黑老虎

◆ 学名：*Kadsura coccinea*
◆ 科属：五味子科南五味子属

识别要点及生境：

常绿藤本。叶革质，长圆形至卵状披针形，全缘。花单生于叶腋，雌雄异株；雄花：花被片红色，10~16片；雌花：花被片与雄花相似。聚合果近球形，红色或暗紫色，小浆果倒卵形。花期4~7月，果期7~11月。生于山地林中。

黑老虎叶片　　　　　　　　黑老虎花被片红色及发育不良的聚合果

南五味子

◆ 学名：*Kadsura longipedunculata*
◆ 科属：五味子科南五味子属

识别要点及生境：

常绿藤本。叶长圆状披针形、倒卵状披针形或卵状长圆形，边有疏齿。花单生于叶腋，雌雄异株；雄花：花被片白色或淡黄色，8~17片；雌花：花被片与雄花相似。聚合果球形，小浆果倒卵圆形。花期6~9月，果期9~12月。生于低海拔的山区林中或灌丛中。

南五味子枝叶及聚合果　　　　　南五味子花被片淡黄色

鹰爪花

◆ 学名：*Artabotrys hexapetalus*
◆ 科属：番荔枝科鹰爪花属

识别要点及生境：

　　攀援灌木，高达 4 m。叶纸质，长圆形或阔披针形。花1~2 朵，淡绿色或淡黄色，芳香；萼片绿色，花瓣长圆状披针形。果卵圆状。花期 5~8 月，果期 5~12 月。生于林缘或林下。

鹰爪花花朵淡黄色

鹰爪花果实卵圆形

鹰爪花枝叶

香港鹰爪花

◆ 学名：*Artabotrys hongkongensis*
◆ 科属：番荔枝科鹰爪花属

识别要点及生境：

　　攀援灌木，长达 6 m。叶革质，椭圆状长圆形至长圆形。花单生，花梗稍长于钩状的总花梗。萼片三角形，花瓣卵状披针形，外轮花瓣密被丝质柔毛。果椭圆状。花期 4~7 月，果期 5~12 月。生于山地密林下或山谷阴湿处。

香港鹰爪花生境

香港鹰爪花果实

香港鹰爪花花朵单生

假鹰爪（酒饼叶）

◆ 学名：*Desmos chinensis*
◆ 科属：番荔枝科假鹰爪属

识别要点及生境：

　　直立或攀援灌木。叶薄纸质或膜质，长圆形或椭圆形，少数为阔卵形。花黄白色，外轮花瓣比内轮花瓣大，长圆形或长圆状披针形，内轮花瓣长圆状披针形。果念珠状。花期夏至冬季，果期6月至翌年春季。生于林缘灌木丛中或荒野及山谷等地。

假鹰爪叶片

假鹰爪念珠状果实

假鹰爪花朵黄白色

瓜馥木

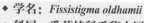
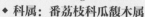

◆ 学名：*Fissistigma oldhamii*
◆ 科属：番荔枝科瓜馥木属

识别要点及生境：

　　攀援灌木，长约 8 m。叶革质，倒卵状椭圆形或长圆形。花 1~3 朵集成密伞花序，外轮花瓣卵状长圆形，内轮花瓣小。果圆球状，密被黄棕色绒毛。花期 4~9 月，果期 7 月至翌年 2 月。生于路边、山谷水旁灌木丛中。

瓜馥木叶片

瓜馥木果实

瓜馥木外轮花瓣比内轮大

香港瓜馥木

◆ 学名: *Fissistigma uonicum*
◆ 科属: 番荔枝科瓜馥木属

识别要点及生境:

　　攀援灌木。叶纸质,长圆形。花黄色,有香气,1~2朵聚生于叶腋,外轮花瓣比内轮花瓣长。果圆球状,成熟时黑色。花期 3~6 月,果期 6~12 月。生于丘陵山地林中。

香港瓜馥木花枝

香港瓜馥木枝叶

香港瓜馥木花朵生于叶腋

山椒子（大花紫玉盘）

◆ 学名: *Uvaria grandiflora*
◆ 科属: 番荔枝科紫玉盘属

识别要点及生境：

　　攀援灌木，长 3 m。叶纸质或近革质，长圆状倒卵形。花单朵，与叶对生，紫红色或深红色，大形。果长圆柱状，种子卵圆形，扁平。花期 3~11 月，果期 5~12 月。生于灌木丛中或丘陵山地疏林中。

山椒子果实

山椒子叶片

山椒子花朵单生

光叶紫玉盘

◆ 学名：*Uvaria boniana*
◆ 科属：番荔枝科紫玉盘属

识别要点及生境：

攀援灌木，除花外全株无毛。叶纸质，长圆形至长圆状卵圆形。花紫红色，1~2朵与叶对生或腋外生，花瓣革质。果球形或椭圆状卵圆形。花期5~10月，果期6月至翌年4月。生于林中较湿润的地方。

光叶紫玉盘紫红花朵　　　　　　　　　　　　光叶紫玉盘的纸质叶

紫玉盘

◆ 学名：*Uvaria macrophylla*
◆ 科属：番荔枝科紫玉盘属

识别要点及生境：

直立灌木，幼枝、幼叶、叶柄、花梗、苞片、萼片、花瓣、心皮和果均被黄色星状柔毛。叶革质，长倒卵形或长椭圆形。花暗紫红色或淡红褐色。果卵圆形或短圆柱形。花期3~8月，果期7月至翌年3月。生于灌木丛中或丘陵山地疏林中。

紫玉盘的花单生　　　　　　　　　　　　　　紫玉盘的果实

滇粤山胡椒

◆ 学名：*Lindera metcalfiana*
◆ 科属：樟科山胡椒属

识别要点及生境：

灌木或小乔木，高 2~12 m。叶互生，椭圆形或长椭圆形。伞形花序，雄花及雌花均为黄色。果球形，成熟时紫黑色。花期 3~5 月，果期 6~10 月。生于山坡、林缘、路旁或常绿阔叶林中。

滇粤山胡椒的伞形花序

滇粤山胡椒花枝

山鸡椒（山苍子）

◆ 学名：*Litsea cubeba*
◆ 科属：樟科木姜子属

识别要点及生境：

落叶灌木或小乔木，高达 8~10 m。叶互生，披针形或长圆形，纸质。伞形花序单生或簇生，每一花序有花 4~6 朵，先叶开放或与叶同时开放。果近球形。花期 2~3 月，果期 7~8 月。生于山地、灌丛、疏林或林中路旁、水边。

山鸡椒的伞形花序

山鸡椒植株

潺槁木姜子（潺槁树）

◆ 学名：*Litsea glutinosa*
◆ 科属：樟科木姜子属

识别要点及生境：

常绿小乔木或乔木，高 3~15 m。叶互生，倒卵形、倒卵状长圆形或椭圆状披针形。伞形花序生于小枝上部叶腋，每一花序有花数朵。花期 5~6 月，果期 9~10 月。生于山地林缘、溪旁、疏林或灌丛中。

潺槁木姜子花枝

潺槁木姜子植株局部

黄绒润楠

◆ 学名：*Machilus grijsii*
◆ 科属：樟科润楠属

识别要点及生境：

乔木，高可达 5 m。叶倒卵状长圆形，革质。花序短，花被裂片薄，长椭圆形，近相等。果球形。花期 3 月，果期 4 月。生于灌木丛中或密林中。

黄绒润楠花枝

黄绒润楠果枝

薄叶润楠（华东楠）

◆ 学名：*Machilus leptophylla*
◆ 科属：樟科润楠属

识别要点及生境：

高大乔木，高达 28 m。叶互生或在当年生枝上轮生，倒卵状长圆形，坚纸质。圆锥花序 6~10 个，多花，花通常 3 朵生在一起，白色。果球形。花期春季。生于阴坡谷地混交林中。

薄叶润楠的圆锥花序

薄叶润楠植株局部

大叶新木姜子

◆ 学名：*Neolitsea levinei*
◆ 科属：樟科新木姜子属

识别要点及生境：

乔木，高达 22 m。叶轮生，4~5 片一轮，长圆状披针形至长圆状倒披针形或椭圆形，革质。伞形花序数个生于枝侧，每一花序有花 5 朵，花黄白色。果椭圆形或球形。花期 3~4 月，果期 8~10 月。生于山地路旁、水旁及山谷密林中。

大叶新木姜子花的伞形花序及果实

大叶新木姜子新叶

显脉新木姜子

◆ 学名: *Neolitsea phanerophlebia*
◆ 科属: 樟科新木姜子属

识别要点及生境:

　　小乔木, 高达 10 m。叶轮生或散生, 长圆形至长圆状椭圆形, 离基三出脉, 叶脉明显。伞形花序, 每一花序有花 5~6 朵。果近球形。花期 10~11 月, 果期 7~8 月。生于山谷疏林中。

显脉新木姜子植株局部

显脉新木姜子的伞形花序

显脉新木姜子花枝

红花青藤

◆ 学名：*Illigera rhodantha*
◆ 科属：莲叶桐科青藤属

识别要点及生境：

　　藤本。指状复叶互生，有小叶 3，小叶纸质，卵形至倒卵状椭圆形或卵状椭圆形。聚伞花序组成的圆锥花序腋生，萼片紫红色，花瓣与萼片同形，玫瑰红色。果具 4 翅。花期 6~11 月，果期 12 月至翌年 4~5 月。生于山谷密林或疏林灌丛中。

红花青藤的萼片紫红色

红花青藤的指状复叶

红花青藤花枝

厚叶铁线莲

◆ 学名：*Clematis crassifolia*
◆ 科属：毛茛科铁线莲属

识别要点及生境：

藤本。三出复叶，小叶片革质，长椭圆形、椭圆形或卵形，全缘。圆锥状聚伞花序腋生或顶生，多花，萼片4，白色或略带水红色。瘦果。花期12月至翌年1月，果期2月。生于山地、山谷、平地、溪边、路旁的密林或疏林中。

厚叶铁线莲的白色萼片及叶片

厚叶铁线莲花枝

毛柱铁线莲

◆ 学名：*Clematis meyeniana*
◆ 科属：毛茛科铁线莲属

识别要点及生境：

木质藤本。三出复叶，小叶片近革质，卵形或卵状长圆形，有时为宽卵形，全缘。圆锥状聚伞花序多花，腋生或顶生，萼片4，白色。瘦果。花期6~8月，果期8~10月。生于山坡疏林及路旁灌丛中或山谷、溪边。

毛柱铁线莲的白色萼片

毛柱铁线莲花枝

柱果铁线莲

◆ 学名：*Clematis uncinata*
◆ 科属：毛茛科铁线莲属

识别要点及生境：

藤本。一至二回羽状复叶，基部二对常为 2~3 小叶，茎基部为单叶或三出叶，小叶宽卵形、卵形、长圆状卵形至卵状披针形。圆锥状聚伞花序，萼片白色。花期 6~7 月，果期 7~9 月。生于山地、山谷、溪边的灌丛中或林边，或石灰岩灌丛中。

柱果铁线莲叶片及瘦果

柱果铁线莲的萼片白色

柱果铁线莲花期植株

尖叶唐松草

◆ 学名：*Thalictrum acutifolium*
◆ 科属：毛茛科唐松草属

识别要点及生境：

多年生草本，茎高 25~65 cm，基生叶 2~3，二回三出复叶，小叶草质，卵形，基部不分裂或不明显三浅裂，边缘有疏牙齿，茎生叶较小。花序稀疏，萼片 4，白色或带粉红色。瘦果。4~7 月开花。生于山地谷中、坡地、杂草丛中或林边湿润处。

尖叶唐松草花朵中的雄蕊

尖叶唐松草生境

尖叶唐松草花枝

北江十大功劳

◆ 学名: *Mahonia fordii*
◆ 科属: 小檗科十大功劳属

识别要点及生境:

灌木，高 0.8~1.5 m。叶长圆形至狭长圆形，具 5~9 对排列稀疏的小叶，边缘每边具 2~9 刺锯齿。花黄色。花期 7~9 月，果期 10~12 月。生于林下或灌丛中。

北江十大功劳的总状花枝　　　　北江十大功劳花朵黄色

北江十大功劳果枝

野木瓜

◆ 学名：*Stauntonia chinensis*
◆ 科属：木通科野木瓜属

识别要点及生境：

　　木质藤本。掌状复叶有小叶 5~7 片，革质，长圆形、椭圆形或长圆状披针形。花雌雄同株，通常 3~4 朵组成总状花序。雄花萼片外面淡黄色或乳白色，内面紫红色，雌花萼片与雄花的相似但稍大。花期 3~4 月，果期 6~10 月。生于山地密林、灌丛或山谷溪边疏林中。

野木瓜的总状花序

野木瓜枝叶

翅野木瓜

◆ 学名：*Stauntonia decora*
◆ 科属：木通科野木瓜属

识别要点及生境：

　　木质藤本。茎与小枝具 3~14 条狭翅及线纹。叶有小叶 3 片，小叶革质，椭圆形，有时为卵形或长圆形，每个花序通常仅具 1 花，有时具 2 朵花，黄绿色，雄花及雌花的萼片与花瓣相似，内轮萼片较狭，花瓣披针形。花期 11 月到翌年 1 月。生于山地、山谷溪旁林缘。

翅野木瓜花通常 1 花，黄绿色

翅野木瓜叶片正面与背面

毛叶轮环藤

◆ 学名：*Cyclea barbata*
◆ 科属：防己科轮环藤属

识别要点及生境：

草质藤本，长达5 m。叶纸质或近膜质，三角状卵形或三角状阔卵形，两面被伸展长毛。花序腋生或生于老茎上，雄花的萼杯状，雌花萼片2，稍不等大。核果斜倒卵圆形至近圆球形。花期秋季。果期冬季。绕缠于林中、林缘和村边的灌木上。

毛叶轮环藤叶片

毛叶轮环藤的核果

粪箕笃

◆ 学名：*Stephania longa*
◆ 科属：防己科千金藤属

识别要点及生境：

草质藤本，长1~4 m或稍长，除花序外全株无毛。叶纸质，三角状卵形，顶端钝，有小凸尖。复伞形聚伞花序腋生，雄花花瓣4或有时3，绿黄色，雌花花瓣4片。核果红色。花期春末夏初，果期秋季。生于灌丛或林缘。

粪箕笃的复伞形聚伞花序

粪箕笃的核果

华南马兜铃

◆ 学名：*Aristolochia austrochinensis*
◆ 科属：马兜铃科马兜铃属

识别要点及生境：

　　缠绕草本。叶片三角状披针形至箭形，革质。总状花序，具花 3~4，花被管状，下部膨大，花黄色，花萼管下部内面紫色。蒴果。花期 4~6 月，果期 7~10 月。生于山坡灌丛中。

华南马兜铃的花黄色

华南马兜铃的叶片

华南马兜铃生境

尾花细辛

◆ 学名：*Asarum caudigerum*
◆ 科属：马兜铃科细辛属

识别要点及生境：

多年生草本。叶片阔卵形、三角状卵形或卵状心形。花被绿色，被紫红色圆点状短毛丛，花被裂片直立，下部靠合如管，喉部稍缢缩，花被裂片上部骤窄成细长尾尖。果近球状。花期4~5月。生于林下、溪边和路旁阴湿地。

尾花细辛花被片先端骤窄成长尾尖

尾花细辛生境

尾花细辛叶片

山蒟

♦ 学名：*Piper hancei*
♦ 科属：胡椒科胡椒属

识别要点及生境：

攀援藤本，长至 10 余米。叶纸质或近革质，卵状披针形或椭圆形，少有披针形。花单性，雌雄异株，聚集成与叶对生的穗状花序。浆果球形，黄色。花期 3~8 月。生于山地溪涧边、密林或疏林中，攀援于树上或石上。

山蒟的浆果

山蒟的穗状花序

山蒟生境

蕺菜（鱼腥草）

◆ 学名：*Houttuynia cordata*
◆ 科属：三白草科蕺菜属

识别要点及生境：

　　腥臭草本，高 30~60 cm。叶薄纸质，有腺点，卵形或阔卵形，背面常呈紫红色。花序长约 2 cm，总苞片长圆形或倒卵形，顶端钝圆。花期 4~7 月。生于沟边、溪边或林下湿地上。

蕺菜生境

蕺菜的总苞片白色

蕺菜花枝

及已（四块瓦）

◆ 学名：*Chloranthus serratus*
◆ 科属：金粟兰科金粟兰属

识别要点及生境：

多年生草本，高15~50 cm。叶对生，4~6 片生于茎上部，纸质，椭圆形、倒卵形或卵状披针形，偶有卵状椭圆形或长圆形。穗状花序顶生，偶有腋生，花白色。核果近球形或梨形，绿色。花期4~5 月，果期6~8 月。生于山地林下湿润处和山谷溪边草丛中。

及已植株局部

及已的穗状花序

及已生境

草珊瑚

◆ **学名:** *Sarcandra glabra*
◆ **科属:** 金粟兰科草珊瑚属

识别要点及生境:

常绿半灌木,高 50~120 cm。叶革质,椭圆形、卵形至卵状披针形,边缘具粗锐锯齿。穗状花序顶生,通常分枝,多少成圆锥花序状,花黄绿色。核果球形,熟时亮红色。花期 6 月,果期 8~10 月。生于山坡、路边、沟谷及林下阴湿处。

草珊瑚的红色核果

草珊瑚顶生穗状花序

草珊瑚的果枝

北越紫堇（台湾黄堇）

◆ 学名：*Corydalis balansae*
◆ 科属：紫堇科紫堇属

识别要点及生境：

灰绿色丛生草本，高 30~50 cm。基生叶早枯，下部茎生叶二回羽状全裂，一回羽片约 3~5 对，二回羽片常 1~2 对。总状花序多花而疏离，花黄色至黄白色，近平展。外花瓣勺状，距短囊状。蒴果。花期 3~7 月。生于山谷或沟边湿地。

北越紫堇的总状花序

北越紫堇植株

地锦苗（尖距紫堇）

◆ 学名：*Corydalis sheareri*
◆ 科属：紫堇科紫堇属

识别要点及生境：

多年生草本，高 10~60 cm。基生叶数枚，叶片轮廓三角形或卵状三角形，二回羽状全裂，茎生叶与基生叶同形，但较小和具较短柄。总状花序有 10~20 花，通常排列稀疏，花瓣紫红色。蒴果。花果期 3~6 月。生于水边或林下潮湿地。

地锦苗的总状花序

地锦苗生境

南岭堇菜

◆ 学名：*Viola nanlingensis*
◆ 科属：堇菜科堇菜属

识别要点及生境：

多年生草本，高 15 cm。具匍匐枝，叶片卵形或椭圆形，叶缘具圆齿。花浅紫色。蒴果卵形。花期 3~5 月，果期 7~10 月。生于山地林缘或路边阴湿处。

南岭堇菜的花单生　　　　　　　　　　　　　南岭堇菜生境

堇菜

◆ 学名：*Viola verecunda*
◆ 科属：堇菜科堇菜属

识别要点及生境：

多年生草本，高 5~20 cm。基生叶叶片宽心形、卵状心形或肾形，边缘具向内弯的浅波状圆齿。花小，白色或淡紫色，生于茎生叶的叶腋。蒴果。花果期 5~10 月。生于湿草地、山坡草丛、灌丛、杂木林林缘、田野、宅旁等处。

堇菜的花单生　　　　　　　　　　　　　堇菜生境

风筝果

♦ 学名：*Hiptage benghalensis*
♦ 科属：金虎尾科风筝果属

识别要点及生境：

　　灌木或藤本，攀援，长 3~10 m 或更长。叶片革质，长圆形，椭圆状长圆形或卵状披针形，全缘。花大，极芳香，花瓣白色，基部具黄色斑点，或淡黄色或粉红色，基部具爪，边缘具流苏。翅果。花期 2~4 月，果期 4~5 月。生于沟谷林中或沟边路旁。

风筝果的总状花序　　　　　　　　　　　风筝果枝叶

风筝果果枝及翅果

黄花倒水莲

◆ 学名：*Polygala fallax*
◆ 科属：远志科远志属

识别要点及生境：

灌木或小乔木，高 1~3 m。单叶互生，叶片膜质，披针形至椭圆状披针形，全缘。总状花序顶生或腋生，萼片 5，外面 3 枚小，里面 2 枚大，花瓣状，花瓣正黄色，3 枚。蒴果。花期 5~8 月，果期 8~10 月。生于山谷林下水旁阴湿处。

黄花倒水莲花朵及蒴果　　　　　　　　　　黄花倒水莲生境

大叶金牛（岩生远志）

◆ 学名：*Polygala latouchei*
◆ 科属：远志科远志属

识别要点及生境：

矮小亚灌木，高 10~20 cm。叶片纸质，卵状披针形至倒卵状或椭圆状披针形，叶面绿色，背面淡红色或暗紫色。总状花序，花小，花瓣 3，粉红色至紫红色。蒴果。花期 3~4 月，果期 4~5 月。生于林下岩石上或山坡草地。

大叶金牛的总状花序及紫色的叶背　　　　　　大叶金牛生境

香港远志

♦ 学名：*Polygala hongkongensis*
♦ 科属：远志科远志属

识别要点及生境：

　　直立草本至亚灌木，高 15~50 cm。单叶互生，叶片纸质或膜质、全缘，多少反卷。总状花序顶生，具疏松排列的 7~18 花，花瓣 3，白色或紫色。蒴果。花期 5~6 月，果期 6~7 月。生于林下或路边。

香港远志的植株

香港远志的总状花序

虎耳草

♦ 学名：*Saxifraga stolonifera*
♦ 科属：虎耳草科虎耳草属

识别要点及生境：

　　多年生草本，高 8~45 cm。基生叶近心形、肾形至扁圆形，茎生叶披针形。聚伞花序圆锥状，具 7~61 花，花瓣白色，中上部具紫红色斑点，基部具黄色斑点。花果期 4~11 月。生于林下、灌丛、阴湿岩隙及沟边。

虎耳草 5 枚花瓣，其中 3 枚较短

虎耳草生境

鸡肫梅花草

◆ 学名：*Parnassia wightiana*
◆ 科属：虎耳草科梅花草属

识别要点及生境：

多年生草本，高 18~30 cm。基生叶 2~4，宽心形，全缘。茎 2~7，近中部或偏上具单个茎生叶，与基生叶同形。花单生于茎顶，花瓣白色，具长流苏状毛。蒴果。花期 7~8 月，果期 9 月开始。生于山谷疏林下、山坡杂草中、石隙处或沟边和路边等处。

鸡肫梅花草开裂的蒴果

鸡肫梅花草花单生于茎顶

鸡肫梅花草生境

鸡肫梅花草的心形叶片

锦地罗

◆ 学名: *Drosera burmanni*
◆ 科属: 茅膏菜科茅膏菜属

识别要点及生境:

　　草本, 茎短。叶莲座状密集, 楔形或倒卵状匙形, 绿色或变红色至紫红色, 叶缘头状黏腺毛长而粗, 常紫红色。花序花莛状, 1~3 条, 具花 2~19 朵, 红色或紫红色。蒴果。花果期全年。生于平地、山坡、山谷和山顶的向阳处或疏林下。

被锦地罗粘住的昆虫

锦地罗花朵

锦地罗叶片莲座状

火炭母

◆ 学名：*Polygonum chinense*
◆ 科属：蓼科蓼属

识别要点及生境：

多年生草本，基部近木质。叶卵形或长卵形，全缘。花序头状，通常数个排成圆锥状，顶生或腋生，花被5，深裂，白色或淡红色。瘦果。花期7~9月，果期8~10月。生于山谷湿地、山坡草地。

火炭母头状花序

火炭母生境

青葙

◆ 学名：*Celosia argentea*
◆ 科属：苋科青葙属

识别要点及生境：

一年生草本，高0.3~1 m。叶片矩圆状披针形、披针形或披针状条形，少数卵状矩圆形，绿色常带红色。花多数，密生，苞片白色，花被片初为白色顶端带红色，或全部粉红色，后成白色。胞果。花期5~8月，果期6~10月。生于路边或杂草丛中。

青葙的穗状花序

青葙植株

华凤仙

◆ 学名：*Impatiens chinensis*
◆ 科属：凤仙花科凤仙花属

识别要点及生境：

一年生草本，高 30~60 cm。叶片硬纸质，线形或线状披针形，稀倒卵形，边缘疏生刺状锯齿。花较大，单生或 2~3 朵簇生于叶腋，紫红色或白色，唇瓣基部渐狭成内弯或旋卷的长距。蒴果。花期 4~11 月，果期 8~12 月。生于水沟旁或湿地。

华凤仙花朵

华凤仙花枝

华凤仙生境

绿萼凤仙花

◆ 学名：*Impatiens chlorosepala*
◆ 科属：凤仙花科凤仙花属

识别要点及生境：

一年生草本，高 30~40 cm。叶片膜质，长圆状卵形或披针形，边缘具圆齿状齿。总花梗具 1~2 花，花大，淡红色，距有粉红色条纹。蒴果。花期 10~12 月。生于山谷水旁阴处或疏林溪旁。

绿萼凤仙花植株局部

绿萼凤仙花花淡红色

绿萼凤仙花花枝

瑶山凤仙花

◆ 学名：*Impatiens macrovexilla var. yaoshanensis*
◆ 科属：凤仙花科凤仙花属

识别要点及生境：

  一年生草本。叶互生，叶片长圆形或长圆状披针形，边缘具圆齿。花红色或紫色，唇瓣基部渐狭成稍内弯的细距。蒴果。花期6~10月。生于山谷阴处、林下、溪边或覆土的湿润岩石上。广东新分布种。

瑶山凤仙花的花朵

瑶山凤仙花植株局部

瑶山凤仙花生境

管茎凤仙花

◆ 学名：*Impatiens tubulosa*
◆ 科属：凤仙花科凤仙花属

识别要点及生境：

一年生草本，高 30~40 cm。叶互生，下部叶在花期凋落，上部叶常密集，叶片披针形或长圆状披针形，边缘具圆齿状齿。总花梗具 3~5 花，排列成总状花序，花黄色，唇瓣囊状，基部渐狭成上弯的距。蒴果。花期 8~12 月。生于林下或沟边阴湿处。

管茎凤仙花的花朵

管茎凤仙花花枝

管茎凤仙花生境

圆叶节节菜

◆ **学名:** *Rotala rotundifolia*
◆ **科属:** 千屈菜科节节菜属

识别要点及生境:

　　一年生草本, 匍匐地上, 高 5~30 cm。叶对生, 近圆形、阔倒卵形或阔椭圆形。花单生于苞片内, 组成顶生稠密的穗状花序, 花极小, 花瓣 4, 淡紫红色。蒴果。花果期 12 月至翌年 6 月。生于潮湿的地方。

圆叶节节的穗状花序

圆叶节节菜花枝及叶片

圆叶节节菜生境

长柱瑞香

◆ 学名：*Daphne championii*
◆ 科属：瑞香科瑞香属

识别要点及生境：

常绿直立灌木，高 0.5~1 m。叶互生，近纸质或近膜质，椭圆形或近卵状椭圆形，全缘。花黄色，通常 3~7 朵组成头状花序，花萼筒筒状，裂片 4。花期 2~4 月，果期 5~6月。生于林缘、灌丛中或路边。

长柱瑞香腋生头状花序

长柱瑞香花枝

长柱瑞香生境

白瑞香

◆ 学名：*Daphne papyracea*
◆ 科属：瑞香科瑞香属

识别要点及生境：

　　常绿灌木，高 1~1.5 m。叶互生，密集于小枝顶端，膜质或纸质，长椭圆形至长的长圆形或长圆状披针形至倒披针形，全缘。花白色，多花簇生于小枝顶端成头状花序。果实为浆果，成熟时红色。花期 11 月至翌年 1 月，果期 4~5 月。生于林下或灌丛中。

白瑞香头状花序

白瑞香浆果红色

白瑞香果枝

了哥王（南岭荛花）

- ◆ 学名：*Wikstroemia indica*
- ◆ 科属：瑞香科荛花属

识别要点及生境：

　　灌木，高 0.5~2 m 或过之。叶对生，纸质至近革质，倒卵形、椭圆状长圆形或披针形。花黄绿色，数朵组成顶生头状总状花序。果椭圆形，成熟时红色至暗紫色。花果期夏秋间。生于林下、石山上或路边。

了哥王的总花梗短

了哥王果实红色

了哥王花枝

北江荛花

◆ **学名:** *Wikstroemia monnula*
◆ **科属:** 瑞香科荛花属

识别要点及生境:

　　灌木,高 0.5~0.8 m。叶对生或近对生,纸质或坚纸质,卵状椭圆形至椭圆形或椭圆状披针形。总状花序顶生,有8~12 花,黄带紫色或淡红色,花萼外面被白色柔毛。果红色。4~8 月开花,随即结果。生于山坡、灌丛中或路旁。

北江荛花的花枝

北江荛花的总状花序

北江荛花植株局部

细轴荛花

◆ **学名：** *Wikstroemia nutans*
◆ **科属：** 瑞香科荛花属

识别要点及生境：

灌木，高1~2 m或过之。叶对生，膜质至纸质，卵形、卵状椭圆形至卵状披针形。花黄绿色，4~8朵组成顶生近头状的总状花序，俯垂。果椭圆形，成熟时深红色。花期春季至初夏，果期夏秋间。生于林中、林缘、杂草丛中、覆土的岩石上或林下。

细轴荛花头状总状花序　　　　　　细轴荛花的总花梗细长　　　　　　细轴荛花的红色果实

细轴荛花花枝

网脉山龙眼

◆ 学名：*Helicia reticulate*
◆ 科属：山龙眼科山龙眼属

识别要点及生境：

　　乔木或灌木，高 3~10 m。叶革质或近革质，长圆形、卵状长圆形、倒卵形或倒披针形，边缘具疏生锯齿或细齿。总状花序，花被管白色或浅黄色。果椭圆状，黑色。花期 5~7 月，果期 10~12 月。生于湿润常绿阔叶林中。

网脉山龙眼的果实

网脉山龙眼的总状花序

锡叶藤

◆ 学名：*Tetracera sarmentosa*
◆ 科属：五桠果科锡叶藤属

识别要点及生境：

　　常绿木质藤本，长达 20 m 或更长。叶革质，极粗糙，矩圆形，常不等侧。圆锥花序顶生或生于侧枝顶，花多数，花瓣通常 3 个，白色。果实成熟时黄红色。花期 5~11 月，果期 7~12 月。生于路边、林缘或灌丛中。

锡叶藤的叶片

锡叶藤的白色花及蓇葖果

光叶海桐

◆ 学名：*Pittosporum glabratum*
◆ 科属：海桐花科海桐属

识别要点及生境：

常绿灌木，高 2~3 m。叶聚生于枝顶，薄革质，二年生，窄矩圆形，或为倒披针形。花序伞形，1~4 枝簇生于枝顶叶腋、多花，花瓣分离，黄色。蒴果椭圆形，种子红色。花期 4~5 月，果期 8~9 月。生于山谷、溪边、路边或灌丛中。

光叶海桐花黄色

光叶海桐的蒴果，种子红色

光叶海桐伞形花序

天料木

◆ 学名：*Homalium cochinchinense*
◆ 科属：天料木科天料木属

识别要点及生境：

　　小乔木或灌木，高 2~10 m。叶纸质，宽椭圆状长圆形至倒卵状长圆形，边缘有疏钝齿。花多数，白色，单个或簇生排成总状，花瓣匙形。蒴果。花期全年，果期 9~12 月。生于阔叶林中或林缘。

天料木的总状花序

天料木的植株

天料木花朵白色

龙珠果

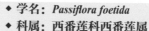

◆ 学名：*Passiflora foetida*
◆ 科属：西番莲科西番莲属

识别要点及生境：

　　草质藤本，长数米。叶膜质，宽卵形至长圆状卵形，边缘呈不规则波状。聚伞花序退化仅存 1 花，与卷须对生，花白色或淡紫色，具白斑，花瓣 5；外副花冠丝状，内副花冠非褶状。浆果卵圆球形。花期 7~8 月，果期翌年 4~5 月。生于草坡路边。

龙珠果花与卷须对生　　　　　　　　龙珠果的果枝及叶片

广东西番莲

◆ 学名：*Passiflora kwangtungensis*
◆ 科属：西番莲科西番莲属

识别要点及生境：

　　草质藤本，长 5~6 m。叶膜质，互生，披针形至长圆状披针形，全缘。花小形，白色，萼片 5，花瓣 5，与萼片近似，等大；外副花冠丝状，内副花冠褶状。浆果球形。花期 3~5 月，果期 6~7 月。生于林边灌丛中或路边。

广东西番莲的叶片正面及背面　　　　　　　广东西番莲的花朵及果实

罗汉果

◆ 学名：*Siraitia grosvenorii*
◆ 科属：葫芦科罗汉果属

识别要点及生境：

攀援草本。叶片膜质，卵形心形、三角状卵形或阔卵状心形，边缘微波状。雌雄异株，雄花序总状，6~10朵花生于花序轴上部，花冠黄色。雌花单生或2~5朵集生。果实球形或长圆形。花期5~7月，果期7~9月。生于林下及河边湿地、灌丛或路边。

罗汉果的雌花及幼果

罗汉果的膜质叶片

王瓜

◆ 学名：*Trichosanthes cucumeroides*
◆ 科属：葫芦科栝楼属

识别要点及生境：

多年生攀援藤本。叶片纸质，轮廓阔卵形或圆形，常3~5浅裂至深裂，或有时不分裂。花雌雄异株，花冠白色。果实卵圆形、卵状椭圆形或球形，成熟时橙红色。花期5~8月，果期8~11月。生于山谷密林中、山坡疏林中或灌丛中。

王瓜的成熟果实

王瓜的纸质叶片

中华栝楼

◆ 学名：*Trichosanthes pilosa*
◆ 科属：葫芦科栝楼属

识别要点及生境：

攀援藤本。叶片纸质，轮廓阔卵形至近圆形，通常5深裂，边缘具短尖头状细齿。雄花及雌花的花冠白色。果实球形或椭圆形，成熟时果皮及果瓤均橙黄色。花期6~8月，果期8~10月。生于山谷密林中、山坡灌丛中及草丛中。

中华栝楼生境

中华栝楼花朵及果实

趾叶栝楼

◆ 学名：*Trichosanthes pedata*
◆ 科属：葫芦科栝楼属

识别要点及生境：

草质藤本，攀援。指状复叶具小叶3~5片，小叶片膜质或近纸质，中央小叶常为披针形或长圆状倒披针形。雄总状花序中部以上有花8~20朵，花冠白色，雌花单生。果实球形，橙黄色。花期6~8月，果期7~12月。生于山谷疏林中、灌丛或路旁。

趾叶栝楼的果实

趾叶栝楼的植株

钮子瓜

- ◆ 学名：*Zehneria bodinieri*
- ◆ 科属：葫芦科马㼆儿属

识别要点及生境：

草质藤本。叶片膜质，宽卵形或稀三角状卵形，边缘有小齿或深波状锯齿，不分裂或有时 3~5 浅裂。雌雄同株。雄花常 3~9 朵呈近头状或伞房状花序，花冠白色，雌花单生。果实球状或卵状。花期 4~8 月，果期 8~11 月。生于林边或山坡路旁潮湿处。

纽子瓜小花白色

纽子瓜的果实及叶片

马㼆儿

- ◆ 学名：*Zehneria japonica*
- ◆ 科属：葫芦科马㼆儿属

识别要点及生境：

攀援或平卧草本。叶片三角状卵形、卵状心形或戟形、不分裂或 3~5 浅裂，边缘微波状或有疏齿。雌雄同株。雄花单生或稀 2~3 朵生于总状花序上，花冠淡黄色，雌花单生或稀双生。果卵形或椭圆形。花果期几乎全年。生于林下、路旁及灌丛中。

马㼆儿的生境

马㼆儿的花及果实

紫背天葵

◆ 学名：*Begonia fimbristipula*
◆ 科属：秋海棠科秋海棠属

识别要点及生境：

多年生无茎草本。叶均基生，叶片两侧略不相等，轮廓宽卵形，边缘有大小不等三角形重锯齿。花粉红色，数朵，雄花花被片 4，红色，雌花花被片 3。蒴果。花期 6~8 月，果期夏季至秋季。生于石上、悬崖石缝中、林下潮湿岩石上和山坡林下。

紫背天葵的叶背紫色

紫背天葵花朵粉红色

紫背天葵生境

裂叶秋海棠

◆ 学名：*Begonia palmata*
◆ 科属：秋海棠科秋海棠属

识别要点及生境：

　　多年生具茎草本，高 20~50 cm。叶互生，叶片两侧不相等，轮廓斜卵形或偏圆形，边缘有疏而极浅的三角形之齿。花玫瑰色、白色至粉红色，4 至数朵。蒴果。花期 8 月，果期 9 月开始。生于山坡沟谷林下、湿润的覆土岩石上。

裂叶秋海棠生境

裂叶秋海棠的花多为粉红色

裂叶秋海棠的蒴果

茶梨

◆ 学名：*Anneslea fragrans*
◆ 科属：山茶科茶梨属

识别要点及生境：

乔木，高约15 m。叶革质，呈假轮生状，叶形变异很大，通常为椭圆形或长圆状椭圆形至狭椭圆形。花数朵至10余朵螺旋状聚生于枝端或叶腋，萼片5，淡红色，花瓣5，基部连合。果实浆果状。花期1~3月，果期8~9月。生于山坡林中或林缘沟谷地。

茶梨的萼片淡红色，花瓣白色，早落

茶梨的果实

广东毛蕊茶

◆ 学名：*Camellia melliana*
◆ 科属：山茶科山茶属

识别要点及生境：

灌木。嫩枝有褐色茸毛。叶长圆披针形，薄革质，上面中脉有毛，下面有长毛，边缘密生细锯齿。花冠白色，花瓣5~6片，基部连生。蒴果近球形。花期秋季至翌年春季。生于疏林下、灌丛中或路边。

广东毛蕊茶花冠白色

广东毛蕊茶花枝

油茶

◆ 学名：*Camellia oleifera*
◆ 科属：山茶科山茶属

识别要点及生境：

灌木或中乔木。叶革质，椭圆形、长圆形或倒卵形，边缘有细锯齿。花顶生，苞片与萼片约10片，花瓣白色，5~7片，倒卵形。蒴果球形或卵圆形。花期冬春间。生于灌丛中、疏林下或路边。

油茶花冠白色

油茶的蒴果

油茶的花枝

南山茶

◆ 学名：*Camellia semiserrata*
◆ 科属：山茶科山茶属

识别要点及生境：

小乔木，高 8~12 m。叶革质，椭圆形或长圆形，边缘上半部有细锯齿，无毛。花顶生，红色，无柄，花瓣6~7 片，红色，阔倒卵圆形。蒴果卵球形。花期 2~3 月，果期夏秋。生于山地林中。

南山茶植株局部

南山茶的蒴果

南山茶花瓣红色

米碎花

◆ 学名：*Eurya chinensis*
◆ 科属：山茶科柃属

识别要点及生境：

小灌木，嫩枝具棱，有毛。叶革质，倒卵形，先端圆或钝，基部楔形，边缘有锯齿。雄花及雌花白色，花瓣卵形至倒卵形。果球形。花期1~3月。生于向阳的丘陵、灌丛中。

米碎花叶片　　　　　　　　　　　　　　　　　米碎花的花枝

二列叶柃

◆ 学名：*Eurya distichophylla*
◆ 科属：山茶科柃属

识别要点及生境：

灌木或小乔木，高1.5~7 m。叶纸质或薄革质，卵状披针形或卵状长圆形，边缘有细锯齿。花1~3朵簇生于叶腋，雄花花瓣5，白色，边缘稍带蓝色，雌花花瓣5，披针形。果实圆球形或卵球形。花期10~12月，果期翌年6~7月。生于路旁或沟谷溪边。

二列叶柃花朵特写　　　　　　　　　　　　　二列叶柃花枝及叶片

大果核果茶（石笔木）

◆ 学名：*Pyrenaria spectabilis*
◆ 科属：山茶科核果茶属

识别要点及生境：

常绿乔木。叶革质，椭圆形或长圆形，边缘有小锯齿。花单生于枝顶叶腋，白色或淡黄色，花瓣5，倒卵圆形。蒴果球形。花期5~6月，果期秋季。生于山地林中或路边。

大果核果茶的蒴果

大果核果茶植株局部

大果核果茶花单生

木荷（荷树）

- ◆ 学名：*Schima superba*
- ◆ 科属：山茶科木荷属

识别要点及生境：

　　大乔木，高25 m。叶革质或薄革质，椭圆形，边缘有钝齿。花生于枝顶叶腋，常多朵排成总状花序，白色。蒴果。花期6~8月。生于常绿林中。

木荷的花冠白色

木荷的果枝

柔毛紫茎

- ◆ 学名：*Stewartia villosa*
- ◆ 科属：山茶科紫茎属

识别要点及生境：

　　乔木，高8 m，嫩枝、叶柄及叶下面中肋均有披散柔毛。叶片长圆形或长圆状披针形，革质，边缘有疏锯齿。花单生，萼片被毛，花瓣黄白色。蒴果。花期6~7月。生于林中、林缘等处。

柔毛紫茎花瓣黄白色

柔毛紫茎叶下面中肋有披散柔毛

厚皮香

◆ 学名：*Ternstroemia gymnanthera*
◆ 科属：山茶科厚皮香属

识别要点及生境：

灌木或小乔木，高 1.5~10 m。叶革质或薄革质，通常聚生于枝端，呈假轮生状、椭圆形、椭圆状倒卵形至长圆状倒卵形，边全缘。花两性或单性，花瓣 5，淡黄白色。果实圆球形。花期 5~7 月，果期 8~10 月。生于山地林中、林缘路边或近山顶疏林中。

厚皮香的花淡黄白色

厚皮香的蒴果

厚皮香的枝叶

五列木

◆ 学名：*Pentaphylax euryoides*
◆ 科属：五列木科五列木属

识别要点及生境：

常绿乔木或灌木，高 4~10 m。单叶互生，革质，卵形或卵状长圆形或长圆状披针形，全缘略反卷。花白色，花瓣长圆状披针形或倒披针形，花丝花瓣状。蒴果。花期 4~6 月，果期 10~11 月。生于密林中或林缘处。

五列木的总状花序

五列木的枝叶

五列木植株局部

黄毛猕猴桃

◆ **学名：** *Actinidia fulvicoma*
◆ **科属：** 猕猴桃科猕猴桃属

识别要点及生境：

中型半常绿藤本。密被黄褐色绵毛或锈色长硬毛。叶纸质至亚革质，卵形、阔卵形、长卵形至披针状长卵形或卵状长圆形。聚伞花序密被黄褐色绵毛，通常 3 花，花白色。果卵珠形至卵状圆柱形。花期 5~6 月，果熟期 11 月。生于疏林中或灌丛中。

黄毛猕猴桃的花白色

黄毛猕猴桃的浆果

黄毛猕猴桃花枝

水东哥

◆ 学名：*Saurauia tristyla*
◆ 科属：水东哥科水东哥属

识别要点及生境：

灌木或小乔木，高 3~6 m。叶纸质或薄革质，倒卵状椭圆形、倒卵形、长卵形，稀阔椭圆形，叶缘具刺状锯齿。花序聚伞式，花粉红色或白色。果球形，白色，绿色或淡黄色。生于沟谷、林缘或杂木林中。

水东哥聚伞式花序

水东哥白色果实

桃金娘

◆ 学名：*Rhodomyrtus tomentosa*
◆ 科属：桃金娘科桃金娘属

识别要点及生境：

灌木，高 1~2 m。叶对生，革质，叶片椭圆形或倒卵形，离基三出脉。花常单生，紫红色，花瓣 5，倒卵形。浆果，熟时紫黑色。花期 4~5 月。生于丘陵坡地、路边及灌丛中。

桃金娘的花枝

桃金娘的浆果

线萼金花树

◆ 学名: *Blastus apricus*
◆ 科属: 野牡丹科柏拉木属

识别要点及生境:

　　灌木,高1~2 m。叶片纸质,披针形至卵状披针形或卵形,顶端渐尖,全缘或具细波状齿,5基出脉。聚伞花序组成圆锥花序,顶生,花瓣紫红色。蒴果。花期6~7月,果期10~11月。生于山谷、山坡林下或湿润之地。

线萼金花树生境

线萼金花树的花序

留行草

◆ 学名: *Blastus ernae*
◆ 科属: 野牡丹科柏拉木属

识别要点及生境:

　　灌木,高0.6~2 m。叶片纸质,卵形至披针状卵形,顶端渐尖,全缘或具不明显的细齿牙,5基出脉。聚伞花序组成圆锥花序,顶生,花瓣红色。蒴果。花期约6月,果期8~9月。生于山谷林下、溪边水旁或路边。

留行草果枝

留行草的圆锥花序

肥肉草

◆ 学名：*Fordiophyton fordii*
◆ 科属：野牡丹科异药花属

识别要点及生境：

　　草本或亚灌木，高 0.3~1 m。叶片膜质，广披针形至卵形，或椭圆形，边缘具细锯齿，基出脉 5~7 条。聚伞花序组成圆锥花序，花瓣白色带红、淡红色、红色或紫红色。蒴果。花期 6~9 月，果期 8~11 月。生于山谷林下、阴湿之地或山坡草地中及路边。

肥肉草的花序

肥肉草的蒴果

肥肉草生境

地稔

◆ 学名：*Melastoma dodecandrum*
◆ 科属：野牡丹科野牡丹属

识别要点及生境：

小灌木，长 10~30 cm。叶片坚纸质，卵形或椭圆形，全缘或具密浅细锯齿，3~5 基出脉。聚伞花序，有花 1~3 朵，花瓣淡紫红色至紫红色。果坛状球状，平截。花期 5~7 月，果期 7~9 月。生山坡草丛中、路边及荒地中。

地稔的坛状果实

地稔的花朵及叶片

地稔生境

野牡丹

◆ 学名: *Melastoma malabathricum*
◆ 科属: 野牡丹科野牡丹属

识别要点及生境:

　　灌木, 高 0.5~1.5 m。叶片坚纸质, 卵形或广卵形, 全缘, 7 基出脉。伞房花序生于分枝顶端, 近头状, 有花 3~5 朵, 稀单生, 花瓣玫瑰红色或粉红色。蒴果坛状球形。花期 5~7 月, 果期 10~12 月。生于山坡林下、灌草丛中或路边。

野牡丹偶见白花个体

野牡丹花瓣多为玫瑰红色

野牡丹生境

毛稔（毛菍）

◆ 学名：*Melastoma sanguineum*
◆ 科属：野牡丹科野牡丹属

识别要点及生境：

大灌木，高 1.5~3 m。叶片坚纸质，卵状披针形至披针形，全缘，基出脉 5，两面被糙伏毛。伞房花序，常仅有花 1 朵，有时 3~5 朵，花瓣粉红色或紫红色。果杯状球形。花果期几乎全年，通常在 8~10 月。生于山坡、沟边、湿润的草丛或矮灌丛中。

毛稔枝叶

毛稔果杯状球形

毛稔花大，常单朵

楮头红

◆ 学名：*Sarcopyramis napalensis*
◆ 科属：野牡丹科肉穗草属

识别要点及生境：

　　直立草本，高 10~30 cm。叶膜质，广卵形或卵形，稀近披针形，边缘具细锯齿，3~5 基出脉。聚伞花序，有花 1~3 朵，花瓣粉红色。蒴果杯形。花期 8~10 月，果期 9~12 月。生于林下阴湿的地方或溪边。

楮头红花粉红色

楮头红的蒴果

蜂斗草

◆ 学名：*Sonerila cantonensis*
◆ 科属：野牡丹科蜂斗草属

识别要点及生境：

　　草本或亚灌木，高 10~50 cm。叶片纸质或近膜质，卵形或椭圆状卵形，边缘具细锯齿。蝎尾状聚伞花序或二歧聚伞花序，有花 3~7 朵，花瓣粉红色或浅玫瑰红色。蒴果。花期 7~10 月，果期 12 月至翌年 2 月。生于山谷、山坡林下或路边。

蜂斗草的聚伞花序

蜂斗草生境

黄牛木

◆ 学名：*Cratoxylum cochinchinense*
◆ 科属：藤黄科黄牛木属

识别要点及生境：

落叶灌木或乔木，高 1.5~25 m。叶片椭圆形至长椭圆形或披针形，坚纸质。聚伞花序腋生或腋外生及顶生，有花 1~3 朵，花瓣粉红、深红至红黄色。蒴果椭圆形。花期 4~5 月，果期 6 月以后。生于丘陵、山地林中或灌丛中。

黄牛木花瓣多为红黄色

黄牛木叶片

黄牛木花枝

木竹子（多花山竹子）

◆ 学名：*Garcinia multiflora*
◆ 科属：藤黄科藤黄属

识别要点及生境：

　　乔木，稀灌木，高3~15 m。叶片革质，卵形、长圆状卵形或长圆状倒卵形。花杂性，同株，雄花序成聚伞状圆锥花序式，有时单生，花瓣橙黄色。雌花序有雌花1~5朵。果卵圆形至倒卵圆形。花期6~8月，果期11~12月。生于林中、沟谷或路边。

木竹子雌花退化雄蕊束短于雌蕊

木竹子雄花花丝高出于退化雌蕊

木竹子植株局部

赶山鞭

◆ 学名：*Hypericum attenuatum*
◆ 科属：金丝桃科金丝桃属

识别要点及生境：

多年生草本，高 15~74 cm。叶片卵状长圆形或卵状披针形至长圆状倒卵形，全缘。花序顶生，多花或有时少花，为近伞房状或圆锥花序，花瓣淡黄色。蒴果。花期 7~8 月，果期 8~9 月。生于山顶草地、路边或林缘。

赶山鞭生境

赶山鞭花序顶生

地耳草

◆ 学名：*Hypericum japonicum*
◆ 科属：金丝桃科金丝桃属

地耳草

地耳草的生境

识别要点及生境：

一年生或多年生草本，高 2~45 cm。叶片通常卵形或卵状三角形至长圆形或椭圆形，全缘，坚纸质。花序具 1~30 花，花瓣白色、淡黄至橙黄色。蒴果。花期 3~8 月，果期 6~10 月。生沟边、草地、路边以及荒地上。

田麻

◆ 学名：*Corchoropsis crenata*
◆ 科属：椴树科田麻属

识别要点及生境：

一年生草本，高 40~60 cm。叶卵形或狭卵形，边缘有钝牙齿，两面均密生星状短柔毛。花有细柄，单生于叶腋，花瓣 5 片，黄色。蒴果。花果期秋季。生于山地或丘陵的沟边坡地、灌丛中、石隙中及路边。

田麻花单生，黄色

田麻的叶片

田麻生境

猴欢喜

◆ 学名：*Sloanea sinensis*
◆ 科属：杜英科猴欢喜属

识别要点及生境：

乔木，高20 m。叶薄革质，形状及大小多变，通常为长圆形或狭窄倒卵形，通常全缘，有时上半部有数个疏锯齿。花多朵簇生于枝顶叶腋，花瓣4片，白色。蒴果。花期9~11月，果翌年6~7月成熟。生长在常绿林里。

猴欢喜果枝

猴欢喜花朵簇生于叶腋

山芝麻

◆ 学名：*Helicteres angustifolia*
◆ 科属：梧桐科山芝麻属

识别要点及生境：

小灌木，高达1 m。叶狭矩圆形或条状披针形，叶下面被灰白色或淡黄色星状茸毛。聚伞花序有2至数朵花，花瓣5片淡红色或紫红色。蒴果。花期几乎全年。生于草坡上、灌丛中及路边。

山芝麻花淡红或紫红色

山芝麻的蒴果

两广梭罗

◆ 学名：*Reevesia thyrsoidea*
◆ 科属：梧桐科梭罗树属

识别要点及生境：

    常绿乔木。叶革质，矩圆形、椭圆形或矩圆状椭圆形。聚伞状伞房花序顶生，花密集，花瓣5片，白色，匙形。蒴果矩圆状梨形，有5棱。花期3~4月，果期秋季。生于山坡林中、山谷溪旁或路边。

两广梭罗的蒴果

两广梭罗的伞房花序

两广梭罗的花苞及叶片

假苹婆

◆ 学名：*Sterculia lanceolata*
◆ 科属：梧桐科苹婆属

识别要点及生境：

　　乔木。叶椭圆形、披针形或椭圆状披针形。圆锥花序腋生，花淡红色，萼片5枚，仅于基部连合，向外开展如星状。蓇葖果鲜红色，长卵形或长椭圆形，种子黑褐色。花期4~6月，果期秋季。生于山谷溪旁、林中。

假苹婆的花枝及蓇葖果

假苹婆的叶片

刺果藤

◆ 学名：*Byttneria grandifolia*
◆ 科属：梧桐科刺果藤属

识别要点及生境：

　　木质大藤本。叶广卵形、心形或近圆形，顶端钝或急尖，基部心形。花小，淡黄白色，内面略带紫红色，萼片卵形。果圆球形或卵状圆球形，种子成熟时黑色。花期春夏季。生于疏林中或路边。

刺果藤的果实与叶片

刺果藤的小花特写

黄葵

◆ 学名：*Abelmoschus moschatus*
◆ 科属：锦葵科秋葵属

识别要点及生境：

　　一年生或二年生草本，高 1~2 m。叶通常掌状 5~7 深裂，裂片披针形至三角形，边缘具不规则锯齿，偶有浅裂似槭叶状。花单生于叶腋间，花黄色，内面基部暗紫色。蒴果。花期 6~10 月。生于山谷、溪涧旁、山坡灌丛中或路边。

黄葵叶通常掌状深裂

黄葵的蒴果

黄葵花单生

地桃花（肖梵天花）

◆ 学名: *Urena lobata*
◆ 科属: 锦葵科梵天花属

识别要点及生境：

直立亚灌木状草本，高达1m。茎下部的叶近圆形，先端3浅裂，边缘具锯齿；中部的叶卵形，上部的叶长圆形至披针形。花腋生，单生或稍丛生，淡红色。果扁球形。花期7至翌年2月。生于林缘、路边或杂草丛中。

地桃花花腋生　　　　　　　　　　　　　　地桃花叶近圆形

梵天花

◆ 学名: *Urena procumbens*
◆ 科属: 锦葵科梵天花属

识别要点及生境：

小灌木，高80cm。叶下部生的轮廓为掌状3~5深裂，裂口深达中部以下，具锯齿。花单生或近簇生，基部1/3处合生，花冠淡红色。果球形。花期6~9月。生于山坡灌丛中、路边及山顶杂草丛中。

梵天花花冠淡红色

梵天花掌状深裂

毛果算盘子

◆ 学名：*Glochidion eriocarpum*
◆ 科属：大戟科算盘子属

识别要点及生境：

灌木，高达5m。叶片纸质，卵形、狭卵形或宽卵形，两面均被长柔毛。花单生或2~4朵簇生于叶腋内，雄花萼片6，雌花几无花梗，萼片6。蒴果扁球状，密被长柔毛。花果期几乎全年。生于山坡、山谷灌木丛中或林缘。

毛果算盘子生境

毛果算盘子花冠淡红色

算盘子

◆ 学名：*Glochidion puberum*
◆ 科属：大戟科算盘子属

识别要点及生境：

直立灌木，高1~5m。叶片纸质或近革质，长圆形、长卵形或倒卵状长圆形，稀披针形。花小，雌雄同株或异株，2~5朵簇生于叶腋内，萼片6。蒴果扁球状，成熟时带红色。花期4~8月，果期7~11月。生于山坡、溪旁灌木丛中或林缘。

算盘子的花与果

算盘子生境

油桐

◆ 学名：*Vernicia fordii*
◆ 科属：大戟科油桐属

识别要点及生境：

落叶乔木，高达 10 m。叶卵圆形，顶端短尖，全缘，稀 1~3 浅裂。花雌雄同株，先叶或与叶同时开放，花瓣白色，有淡红色脉纹。核果近球状。花期 3~4 月，果期 8~9 月。生于山地林中。

油桐的核果光滑

油桐花具红色脉纹

油桐植株局部

木油桐（千年桐）

◆ 学名：*Vernicia montana*
◆ 科属：大戟科油桐属

识别要点及生境：

　　落叶乔木，高达 20 m。叶阔卵形，全缘或 2~5 裂。花序生于当年已发叶的枝条上，雌雄异株或有时同株异序，花瓣白色或基部紫红色且有紫红色脉纹。核果卵球状，具 3 条纵棱。花期 4~5 月。生于疏林中。

木油桐的花序

木油桐的核果具纵棱

木油桐植株

鼠刺

◆ 学名：*Itea chinensis*
◆ 科属：多香木科鼠刺属

识别要点及生境：

灌木或小乔木，高 4~10 m。叶薄革质，倒卵形或卵状椭圆形，边缘上部具不明显圆齿状小锯齿。总状花序，花瓣白色，雄蕊与花瓣近等长或稍长于花瓣。蒴果。花期 3~5 月，果期 5~12 月。生于山地林中、路边及溪边。

鼠刺总状花序

鼠刺花枝

厚叶鼠刺

◆ 学名：*Itea coriacea*
◆ 科属：多香木科鼠刺属

识别要点及生境：

灌木或稀小乔木，高达 10 m。叶厚革质，椭圆形或倒卵状长圆形，边缘除近基部外具圆齿状齿。总状花序，花瓣白色，雄蕊明显伸出花瓣。蒴果。花期 4~5 月，果期 7~8 月。生于林中、灌丛中。

厚叶鼠刺总状花序

厚叶鼠刺的厚革质叶

常山

◆ 学名：*Dichroa febrifuga*
◆ 科属：绣球花科常山属

识别要点及生境：

　　灌木，高 1~2 m。叶形状大小变异大，常椭圆形、倒卵形、椭圆状长圆形或披针形，边缘具锯齿或粗齿，稀波状。伞房状圆锥花序顶生，花蓝色或白色。浆果蓝色。花期 2~4 月，果期 5~8 月。生于疏林下、林缘、路边及山顶杂草丛中。

常山的圆锥花序

常山的浆果

常山的果枝

星毛冠盖藤

◆ 学名：*Pileostegia tomentella*
◆ 科属：绣球花科冠盖藤属

识别要点及生境：

常绿攀援灌木，长达16 m。叶革质，长圆形或倒卵状长圆形，稀倒披针形，边近全缘或近顶端具三角形粗齿或不规则波状。伞房状圆锥花序顶生，花白色。蒴果陀螺状，平顶。花期3~8月，果期9~12月。生于林中、林缘、路边或近山顶的乱石堆中。

星毛冠盖藤的圆锥花序与果枝

星毛冠盖藤的革质叶

冠盖藤

◆ 学名：*Pileostegia viburnoides*
◆ 科属：绣球花科冠盖藤属

识别要点及生境：

常绿攀援状灌木，长达15 m。叶对生，薄革质，椭圆状倒披针形或长椭圆形，边全缘或稍波状，常稍背卷。伞房状圆锥花序顶生，花白色。蒴果圆锥形。花期7~10月，果期10~12月。生于山谷林中或山石堆中。

冠盖藤小花白色

冠盖藤枝叶

钟花樱桃

◆ **学名**: *Cerasus campanulata*
◆ **科属**: 蔷薇科樱属

识别要点及生境：

乔木或灌木，高 3~8 m。叶片卵形、卵状椭圆形或倒卵状椭圆形，薄革质，边有急尖锯齿。伞形花序，有花 2~4 朵，花瓣粉红色，先端颜色较深。核果红色。花期 2~3 月，果期 4~5 月。生于山谷林中及林缘。

钟花樱桃的伞形花序

钟花樱桃的红色核果

钟花樱桃花枝

香花枇杷

◆ 学名：*Eriobotrya fragrans*
◆ 科属：蔷薇科枇杷属

识别要点及生境：

　　常绿小乔木或灌木，高可达 10 m。叶片革质，长圆状椭圆形，边缘在中部以上具不明显疏锯齿。圆锥花序顶生，花瓣白色，椭圆形。果实球形。花期 4~5 月，果期 8~9 月。生于山坡丛林中。

香花枇杷的花朵特写　　　　　　　　香花枇杷的花序枝叶

枇杷

◆ 学名：*Eriobotrya japonica*
◆ 科属：蔷薇科枇杷属

识别要点及生境：

　　常绿小乔木，高可达 10 m。叶片革质，披针形、倒披针形、倒卵形或椭圆状长圆形，上部边缘有疏锯齿。圆锥花序，花瓣白色。果实球形或长圆形。花期 10~12 月，果期翌年 5~6 月。林下有少量野生。

枇杷花瓣白色　　　　　　　　　　枇杷花序及叶片

尖叶桂樱

◆ 学名: *Laurocerasus undulata*
◆ 科属: 蔷薇科桂樱属

识别要点及生境:

常绿灌木或小乔木, 高约 5~16 m。叶片草质或薄革质, 椭圆形至长圆状披针形, 边全缘, 稀在中部以上有少数锯齿。总状花序具花 10 至 30 余朵, 花瓣浅黄白色。果实卵球形或椭圆形。花期 8~10 月, 果期冬季至翌年春季。生于山地林下或路边。

尖叶桂樱总状花序

尖叶桂樱植株局部

冬青叶桂樱

◆ 学名: *Laurocerasus aquifolioides*
◆ 科属: 蔷薇科桂樱属

识别要点及生境:

常绿灌木, 高约 4 m。叶片厚革质, 椭圆形或卵圆形, 叶边疏生锐锯齿或几全缘, 上面光亮而色较深, 下面色浅。总状花序腋生, 果实近球形。花期 4 月, 果期 10 月。生于林中或路边。

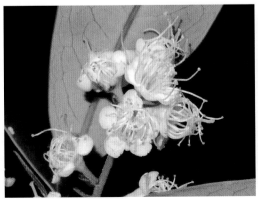

冬青叶桂樱总状花序

冬青叶桂樱叶片疏生锐锯齿

全缘桂樱

◆ 学名：*Laurocerasus marginata*
◆ 科属：蔷薇科桂樱属

识别要点及生境：

常绿小乔木或灌木，高 4~6 m。叶片厚革质，长圆形至倒卵状长圆形，全缘而具坚硬厚边。总状花序短小，单生于叶腋，具花数朵，花瓣白色。果实卵球形。花期春夏，果期秋冬季。生于林下或路边及沟旁。

全缘桂樱短小的总状花序

全缘桂樱叶片

大叶桂樱

◆ 学名：*Laurocerasus zippeliana*
◆ 科属：蔷薇科桂樱属

识别要点及生境：

常绿乔木，高 10~25 m。叶片革质，宽卵形至椭圆状长圆形或宽长圆形，叶边具稀疏或稍密粗锯齿。总状花序，花瓣白色。果实长圆形或卵状长圆形。花期 7~10 月，果期冬季。生于林中或路边。

大叶桂樱的总状花序

大叶桂樱花枝

绒毛石楠

◆ 学名：*Photinia schneideriana*
◆ 科属：蔷薇科石楠属

识别要点及生境：

　　灌木或小乔木，高达7m。叶片长圆披针形或长椭圆形，边缘有锐锯齿，上面初疏生长柔毛，以后脱落。花多数，成顶生复伞房花序，花瓣白色。果实卵形。花期5月，果期10月。生于疏林中。

绒毛石楠复伞房花序

绒毛石楠枝叶

豆梨

◆ 学名：*Pyrus calleryana*
◆ 科属：蔷薇科梨属

识别要点及生境：

　　乔木，高5~8m。叶片宽卵形至卵形，稀长椭卵形，边缘有钝锯齿。伞形总状花序，具花6~12朵，花瓣卵形，白色。梨果球形，黑褐色。花期4月，果期8~9月。生于林中或路边。

豆梨的总状花序

豆梨的梨果

锈毛石斑木

◆ 学名：*Rhaphiolepis ferruginea*
◆ 科属：蔷薇科石斑木属

识别要点及生境：

　　常绿乔木或灌木，高达 10 m 以上。叶片椭圆形或宽披针形，边缘向下方反卷，全缘，上面幼时被茸毛，以后无毛，下面密被锈色茸毛。圆锥状花，花瓣白色，花柱 2。果实球形。花期 4~6 月，果期 10 月。产于疏林中。

绣毛石斑木单花与花序

绣毛石斑木叶背面

石斑木

◆ 学名：*Rhaphiolepis indica*
◆ 科属：蔷薇科石斑木属

识别要点及生境：

　　常绿灌木，稀小乔木，高可达 4 m。叶片集生于枝顶，卵形、长圆形，稀倒卵形或长圆披针形，边缘具细钝锯齿。顶生圆锥花序或总状花序，花瓣 5，白色或淡红色。果实球形，紫黑色。花期 4 月，果期 7~8 月。生于山坡、路边或溪边灌木林中。

石斑木总状花序

石斑木果实呈球形

金樱子

◆ 学名：*Rosa laevigata*
◆ 科属：蔷薇科蔷薇属

识别要点及生境：

常绿攀援灌木，高可达5m。小叶革质，通常3，稀5，小叶片椭圆状卵形、倒卵形或披针状卵形，边缘有锐锯齿。花单生于叶腋，花瓣白色。果梨形、倒卵形，稀近球形，紫褐色。花期4~6月，果期7~11月。生于向阳的路边或灌木丛中。

金樱子花朵单生

金樱子的果实具刺

金樱子植株局部

蒲桃叶悬钩子

◆ 学名：*Rubus jambosoides*
◆ 科属：蔷薇科悬钩子属

识别要点及生境：

攀援灌木，高1~3m。单叶，革质，披针形，边缘近全缘或疏生极细小锯齿。花单生于叶腋，花瓣长圆形，白色。果实卵球形，红色，密被灰白色细柔毛。花期2~3月，果期4~5月。生于路旁、灌丛中或溪边。

蒲桃叶悬钩子小叶披针形

蒲桃叶悬钩子的单花及果实

白花悬钩子

◆ 学名：*Rubus leucanthus*
◆ 科属：蔷薇科悬钩子属

识别要点及生境：

攀援灌木，高1~3m。小叶3枚，生于枝上部或花序基部的有时为单叶，革质，卵形或椭圆形，边缘有粗单锯齿。花3~8朵形成伞房状花序，稀单花腋生，花瓣白色。果实红色。花期4~5月，果期6~7月。生于林缘或路边。

白花悬钩子果实红色

白花悬钩子的伞房状花序

空心泡

- ◆ 学名: *Rubus rosifolius*
- ◆ 科属: 蔷薇科悬钩子属

识别要点及生境:

　　直立或攀援灌木,高2~3 m。小叶5~7枚,卵状披针形或披针形,边缘有尖锐缺刻状重锯齿。花常1~2朵,顶生或腋生,花白色。果实红色。花期3~5月,果期6~7月。生于疏林下或路边。

空心泡花瓣白色

空心泡植株果期

光滑悬钩子

- ◆ 学名: *Rubus tsangii*
- ◆ 科属: 蔷薇科悬钩子属

识别要点及生境:

　　攀援灌木,高约1 m。小叶通常7~9枚,有时11枚,小叶披针形或卵状披针形,边缘有不整齐细锐锯齿或重锯齿。花3~5朵成顶生伞房状花序,稀单生,花白色。果实红色。花期4~5月,果期6~7月。生于林缘及路边。

光滑悬钩子花特写及羽状复叶

光滑悬钩子果实红色

猴耳环

◆ 学名：*Archidendron clypearia*
◆ 科属：含羞草科猴耳环属

识别要点及生境：

乔木，高可达 10 m。二回羽状复叶，羽片 3~8 对，小叶革质，斜菱形，顶部的最大，往下渐小。花数朵聚成小头状花序，再排成顶生和腋生的圆锥花序，花冠白色或淡黄色。荚果旋卷。花期 2~6 月，果期 4~8 月。生于林中。

猴耳环花序 　　　　　　　　　　　　　猴耳环植株局部

海红豆（红豆）

◆ 学名：*Adenanthera microsperma*
◆ 科属：含羞草科海红豆属

识别要点及生境：

落叶乔木，高 5~20 m。二回羽状复叶，羽片 3~5 对，小叶 4~7 对，长圆形或卵形。总状花序，花小，白色或黄色，有香味。荚果，种子鲜红色，有光泽。花期 4~7 月，果期 7~10 月。生于山沟、溪边或林中。

海红豆种子及叶片 　　　　　　　　　　海红豆花枝

龙须藤

◆ 学名：*Bauhinia championii*
◆ 科属：苏木科羊蹄甲属

识别要点及生境：

　　藤本，有卷须。叶纸质，卵形或心形，先端锐渐尖、圆钝、微凹或2裂。总状花序狭长，腋生，花瓣白色。荚果倒卵状长圆形或带状，扁平。花期6~11月，果期7~12月。生于疏林或路边。

龙须藤叶形变化大　　　　　　龙须藤总状花序及荚果

龙须藤盛花的植株

粉叶羊蹄甲

◆ 学名：*Bauhinia glauca*
◆ 科属：苏木科羊蹄甲属

识别要点及生境：

　　木质藤本。叶纸质，近圆形，2裂达中部或更深裂。伞房花序式的总状花序顶生或与叶对生，具密集的花，花瓣白色，倒卵形，各瓣近相等，边缘皱波状。荚果带状。花期4~6月，果期7~9月。生于山坡阳处疏林中、路边或灌丛中。

粉叶羊蹄甲荚果带状

粉叶羊蹄甲叶2裂

粉叶羊蹄甲花白色

粉叶羊蹄甲生境

华南云实

◆ 学名：*Caesalpinia crista*
◆ 科属：苏木科云实属

识别要点及生境：

　　木质藤本，长可达 10 m 以上。二回羽状复叶，羽片 2~3
对，有时 4 对，对生，小叶 4~6 对，革质，卵形或椭圆形。总
状花序，花芳香，花瓣 5，黄色，上面一片具红色斑纹。荚
果。花期 4~7 月，果期 7~12 月。生于山地林中。

华南云实的花序

华南云实羽状复叶

华南云实生境

华南云实花枝

喙荚云实

◆ 学名: *Caesalpinia minax*
◆ 科属: 苏木科云实属

识别要点及生境:

有刺藤本, 各部被短柔毛。二回羽状复叶, 羽片 5~8 对, 小叶 6~12 对, 椭圆形或长圆形。总状花序或圆锥花序顶生, 花瓣 5, 白色, 有紫色斑点。荚果长圆形, 果瓣表面密生针状刺。花期 4~5 月, 果期 7 月。生于山沟、溪旁或灌丛中。

喙荚云实花瓣具紫色斑点

喙荚云实的长圆形荚果

喙荚云实花枝

春云实

◆ 学名：*Caesalpinia vernalis*
◆ 科属：苏木科云实属

识别要点及生境：

　　有刺藤本，各部被锈色茸毛。二回羽状复叶，羽片 8~16 对，小叶 6~10 对，革质，卵状披针形、卵形或椭圆形。圆锥花序多花，花瓣黄色，上面一片较小，外卷，有红色斑纹。荚果。花期 4 月，果期 12 月。生于林缘、路边或岩石旁。

春云实的圆锥花序

春云实的荚果

春云实植株与生境

春云实的羽状复叶

大猪屎豆

◆ 学名：*Crotalaria assamica*
◆ 科属：蝶形花科猪屎豆属

识别要点及生境：

　　直立高大草本，高达 1.5 m 或更高。单叶，叶片质薄，倒披针形或长椭圆形，下面被锈色短柔毛。总状花序顶生或腋生，有花 20~30 朵，花冠黄色。荚果。花果期 5~12 月。生山坡路边及山谷草丛中。

大猪屎豆花冠黄色

大猪屎豆生境

假地豆

◆ 学名：*Desmodium heterocarpon*
◆ 科属：蝶形花科山蚂蝗属

识别要点及生境：

　　小灌木或亚灌木，高 30~150 cm。羽状三出复叶，小叶 3，小叶纸质，顶生小叶椭圆形，长椭圆形或宽倒卵形，侧生小叶通常较小，全缘。总状花序顶生或腋生，花冠紫红色、紫色或白色。花期 7~10 月，果期 10~11 月。生于水旁、路边、灌丛或林中。

假地豆总状花序

假地豆羽状三出复叶

圆叶野扁豆

◆ 学名：*Dunbaria rotundifolia*
◆ 科属：蝶形花科野扁豆属

识别要点及生境：

　　多年生缠绕藤本。叶具羽状 3 小叶，小叶纸质，顶生小叶圆菱形，侧生小叶稍小。花冠黄色。荚果扁平，略弯，先端具针状喙。花果期秋季。生于山坡灌丛中、路边及旷野草地上。

圆叶野扁豆的荚果

圆叶野扁豆的羽状 3 小叶

圆叶野扁豆花冠黄色

山黑豆

◆ **学名：** *Dumasia truncata*
◆ **科属：** 蝶形花科山黑豆属

识别要点及生境：

攀援状缠绕草本，茎纤细，长 1~3 m。叶具羽状 3 小叶，小叶膜质，长卵形或卵形。总状花序腋生，纤细，花冠黄色或淡黄色。荚果。花期 8~11 月，果期 10~11 月。生于山地路旁。

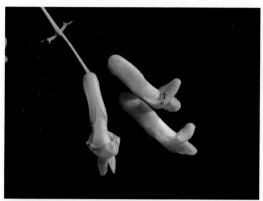

山黑豆的总状花序

山黑豆的羽状 3 小叶

山黑豆的总状花序

截叶铁扫帚

◆ 学名：*Lespedeza cuneata*
◆ 科属：蝶形花科胡枝子属

识别要点及生境：

　　小灌木，高达 1 m。叶密集，小叶楔形或线状楔形，先端截形或近截形，具小刺尖，下面密被伏毛。总状花序腋生，具 2~4 朵花，花冠淡黄色或白色。荚果。花期 7~8 月，果期 9~10 月。生于山坡路旁。

截叶铁扫帚的总状花序

截叶铁扫帚的枝叶

美丽胡枝子

◆ 学名：*Lespedeza thunbergii* **subsp.** *formosa*
◆ 科属：蝶形花科胡枝子属

识别要点及生境：

　　直立灌木，高 1~2 m。叶椭圆形、长圆状椭圆形或卵形，稀倒卵形。总状花序单一，腋生，或构成顶生的圆锥花序，花冠红紫色。荚果。花期 7~9 月，果期 9~10 月。生于山坡、路旁及林缘灌丛中。

美丽胡枝子的植株

美丽胡枝子花冠紫色

密花崖豆藤

◆ 学名：*Millettia congestiflora*
◆ 科属：蝶形花科崖豆藤属

识别要点及生境：

　　藤本，长达5m。羽状复叶，小叶2对，纸质，阔椭圆形至阔卵形。圆锥花序顶生，常2~3枝簇生，花单生，密集花冠白色至红色，旗瓣和萼密被绢毛。荚果扁平。花期6~8月，果期9~10月。生于山地杂木林中。

密花崖豆藤的圆锥花序　　　　　　　　　　　　密花崖豆藤的荚果

亮叶崖豆藤

◆ 学名：*Millettia nitida*
◆ 科属：蝶形花科崖豆藤属

识别要点及生境：

　　攀援灌木。羽状复叶，小叶2对，硬纸质，卵状披针形或长圆形。圆锥花序顶生，粗壮，花单生，花冠青紫色，旗瓣密被绢毛。荚果线状长圆形。花期5~9月，果期7~11月。生于灌丛或山地疏林中。

亮叶崖豆藤的花及荚果　　　　　　　　　　　　亮叶崖豆藤植株

香花崖豆藤

◆ 学名：*Millettia dielsiana*
◆ 科属：蝶形花科崖豆藤属

识别要点及生境：

　　攀援灌木，长 2~5 m。羽状复叶，小叶 2 对，纸质，披针形，长圆形至狭长圆形。圆锥花序顶生，宽大，花单生，花冠紫红色。荚果线形至长圆形，扁平，果瓣薄，近木质。花期 5~9 月，果期 6~11 月。生于杂木林与灌丛中，或谷地、溪沟和路旁。

香花崖豆藤圆锥花序

香花崖豆藤羽状复叶

异果崖豆藤

◆ 学名：*Millettia dielsiana* var. *herterocarpa*
◆ 科属：蝶形花科崖豆藤属

识别要点及生境：

　　攀援灌木，长 2~5 m。羽状复叶，小叶 2 对，纸质，披针形，长圆形至狭长圆形，小叶较原种宽大。圆锥花序，花单生，花冠紫红色。荚果线形至长圆形，扁平，果瓣薄革质。花期 5~9 月，果期 6~11 月。生于山坡杂木林缘或灌丛中。

异果崖豆藤圆锥花序

异果崖豆藤的羽状复叶

厚果崖豆藤

◆ 学名：*Millettia pachycarpa*
◆ 科属：蝶形花科崖豆藤属

识别要点及生境：

巨大藤本，长达 15 m。羽状复叶，小叶 6~8 对，草质，长圆状椭圆形至长圆状披针形。总状圆锥花序，花冠淡紫。荚果深褐黄色，肿胀，长圆形，果瓣木质，甚厚。花期 4~6 月，果期 6~11 月。生于阔叶林内。

厚果崖豆藤的总状圆锥花序

厚果崖豆藤的羽状复叶

厚果崖豆藤植株局部

白花油麻藤（禾雀花）

◆ 学名：*Mucuna birdwoodiana*
◆ 科属：蝶形花科黧豆属

白花油麻藤开花株

白花油麻藤果近念珠状

识别要点及生境：

　　常绿、大型木质藤本。羽状复叶具 3 小叶，小叶近革质，顶生小叶椭圆形、卵形或略呈倒卵形，通常较长而狭。总状花序有花 20~30 朵，花冠白色或带绿白色。果木质，带形，近念珠状。花期 4~6 月，果期 6~11 月。生于山地路旁、林中及溪边。

白花油麻藤为总状花序

软荚红豆

◆ 学名：*Ormosia semicastrata*
◆ 科属：蝶形花科红豆属

识别要点及生境：

常绿乔木，高达 12 m。奇数羽状复叶，小叶 1~2 对，革质，卵状长椭圆形或椭圆形。圆锥花序顶生，花小，花冠白色。荚果。花期 4~5 月。生于山地、路旁、山谷杂木林中。

软荚红豆的叶片

软荚红豆花朵特写

软荚红豆盛花期

葛

◆ 学名：*Pueraria lobata*
◆ 科属：蝶形花科葛属

识别要点及生境：

　　粗壮藤本，长可达 8 m。羽状复叶具 3 小叶，小叶 3 裂，偶尔全缘，侧生小叶斜卵形，稍小。总状花序，中部以上有颇密集的花，花冠紫色，旗瓣倒卵形，基部有 2 耳及一黄色硬痂状附属体。荚果。花期 9~10 月，果期 11~12 月。生于山地林中或路边。

葛的圆锥花序

葛的植株

葛麻姆

◆ 学名：*Pueraria lobata var. montana*
◆ 科属：蝶形花科葛属

识别要点及生境：

　　本变种与原种之区别在于顶生小叶宽卵形，长大于宽，先端渐尖，基部近圆形，通常全缘，侧生小叶略小而偏斜，两面均被长柔毛。花期 7~9 月，果期 10~12 月。生于路边、灌丛中或疏林下。

葛麻姆的圆锥花序及荚果

葛麻姆盛花期

113

葫芦茶

◆ 学名：*Tadehagi triquetrum*
◆ 科属：蝶形花科葫芦茶属

识别要点及生境：

　　灌木或亚灌木，高1~2 m。叶仅具单小叶，小叶纸质，狭披针形至卵状披针形。总状花序顶生和腋生，花2~3朵簇生于每节上，花冠淡紫色或蓝紫色。荚果。花期6~10月，果期10~12月。生于荒地、林缘或路旁。

胡芦茶的总状花序

胡芦茶的荚果

狸尾豆

◆ 学名：*Uraria lagopodioides*
◆ 科属：蝶形花科狸尾豆属

识别要点及生境：

　　平卧或开展草本，通常高可达60 cm。叶多为3小叶，稀兼有单小叶，小叶纸质，近圆形或椭圆形至卵形。总状花序，花冠淡紫色。荚果。花果期8~10月。生于旷野坡地灌丛中。

狸尾豆的总状花序

果期的狸尾豆

檵木（继木）

◆ 学名: *Loropetalum chinense*
◆ 科属: 金缕梅科檵木属

识别要点及生境：

灌木，有时为小乔木。叶革质，卵形，全缘。花 3~8 朵簇生，白色，比新叶先开放，或与嫩叶同时开放，花瓣 4 片，带状。蒴果。花期 3~4 月。生于林下、灌丛中或路边。

继木花枝

继木的叶革质

继木花瓣白色

红花荷

◆ 学名: *Rhodoleia championii*
◆ 科属: 金缕梅科红花荷属

识别要点及生境:

常绿乔木，高 12 m。叶厚革质，卵形，先端钝或略尖，基部阔楔形，上面深绿色，发亮，下面灰白色。头状花序常弯垂，花瓣匙形，红色。头状果序有蒴果 5 个，蒴果卵圆形。花期 3~4 月。生于常绿林中或路边。

红花荷的头状果序

红花荷的总状花序

红花荷花枝

杨梅

◆ 学名：*Myrica rubra*
◆ 科属：杨梅科杨梅属

识别要点及生境：

常绿乔木，高可达15 m以上。叶革质，无毛，萌发枝的叶长椭圆状或楔状披针形，孕性枝上叶为楔状倒卵形或长椭圆状倒卵形。花雌雄异株，雄花序圆柱状，雌花序常单生于叶腋。核果球状。花期4月，6~7月果熟。生于山坡或山谷林中。

杨梅的核果

杨梅的花序

鹿角锥

◆ 学名：*Castanopsis lamontii*
◆ 科属：壳斗科锥属

识别要点及生境：

乔木，高8~15 m，少有达25 m。叶厚纸质或近革质，椭圆形、卵形或长圆形，全缘或有时在顶部有少数裂齿。花序白色。壳斗有坚果通常2~3个，圆球形或近圆球形。花期3~5月，果翌年9~11月成熟。生于山地林中。

鹿角锥植株局部

鹿角锥生境

毛锥

◆ 学名：*Castanopsis fordii*
◆ 科属：壳斗科锥属

识别要点及生境：

　　乔木，通常高 8~15 m 或更高。叶革质，长椭圆形或长圆形，或兼有倒披针状长椭圆形，全缘。花序白色。壳斗密聚于果序轴上，每壳斗有坚果 1 个。花期 3~4 月，果翌年 9~10 月成熟。生于山地灌丛、林缘或乔木林中。

毛锥的雄花序　　　　　　　　　　　　　毛锥的新叶

饭甑青冈

◆ 学名：*Cyclobalanopsis fleuryi*
◆ 科属：壳斗科青冈属

识别要点及生境：

　　常绿乔木，高达 25 m。叶片革质，长椭圆形或卵状长椭圆形，全缘或顶端有波状锯齿。雄花序全体被褐色茸毛，雌花序生于小枝上部叶腋，着花 4~5 朵。壳斗钟形或近圆筒形。花期 3~4 月，果期 10~12 月。生于山地密林中。

饭甑青冈的雄花序

饭甑青冈植株局部

紫玉盘柯

♦ 学名：*Lithocarpus uvariifolius*
♦ 科属：壳斗科柯属

识别要点及生境：

　　乔木，高 10~15 m。叶革质或厚纸质，倒卵形、倒卵状椭圆形，有时椭圆形，叶缘近顶部有少数浅裂齿或波浪状，很少全缘。花序白色。壳斗深碗状或半圆形。花期 5~7 月，果翌年 10~12 月成熟。生于山地常绿阔叶林中或路边。

紫玉盘柯花序白色

紫玉盘柯枝叶

紫玉盘柯壳斗碗状

木麻黄

◆ 学名：*Casuarina equisetifolia*
◆ 科属：木麻黄科木麻黄属

识别要点及生境：

乔木，高可达30 m。枝红褐色，最末次分出的小枝灰绿色，纤细。花雌雄同株或异株，雄花棒状圆柱形，雌花序通常顶生于近枝顶的侧生短枝上。球果状果序椭圆形。花期4~5月，果期7~10月。生于路边，引种栽培。

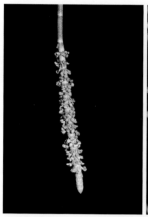

木麻黄的雄花与雌花

木麻黄的球果状果序

光叶山黄麻

◆ 学名：*Trema cannabina*
◆ 科属：榆科山黄麻属

识别要点及生境：

灌木或小乔木。叶近膜质，卵形或卵状矩圆形，稀披针形，边缘具圆齿状锯齿，叶面近光滑。花单性，雌雄同株，花被片5。核果熟时橘红色。花期3~6月，果期9~10月。生于河谷、林中或路边。

山黄麻的枝叶

山黄麻的核果

藤构

◆ 学名：*Broussonetia kaempferi* var. *australis*
◆ 科属：桑科构属

识别要点及生境：

　　蔓生藤状灌木。叶互生，螺旋状排列，近对称的卵状椭圆形，边缘锯齿细。花雌雄异株，雄花序短穗状，雌花集生为球形头状花序。聚花果。花期4~6月，果期5~7月。生于山谷灌丛中、沟边及路旁。

藤构的雌花与雄花

藤构果期

构树

◆ 学名：*Broussonetia papyrifera*
◆ 科属：桑科构属

识别要点及生境：

　　乔木，高10~20 m。叶螺旋状排列，广卵形至长椭圆状卵形，边缘具粗锯齿，不分裂或3~5裂。花雌雄异株，雄花序为柔荑花序，雌花序球形头状。聚花果，成熟时橙红色。花期4~5月，果期6~7月。生于林中或路边。

构树的聚花果

构树的雄花及雌花

黄毛榕

◆ 学名：*Ficus esquiroliana*
◆ 科属：桑科榕属

识别要点及生境：

小乔木或灌木，高 4~10 m。叶互生，纸质，广卵形，表面疏生糙伏状长毛，边缘有细锯齿。榕果腋生，表面疏被或密生浅褐长毛，雄花及瘿花花被片 4，雌花花被片 4。瘦果。花期 5~7 月，果期 7 月。生于山地林中或路边。

黄毛榕果表面被浅褐长毛

黄毛榕的纸质叶

粗叶榕（五指毛桃）

◆ 学名：*Ficus hirta*
◆ 科属：桑科榕属

识别要点及生境：

灌木或小乔木。叶互生，纸质，多型，长椭圆状披针形或广卵形，边缘具细锯齿，有时全缘或 3~5 深裂。榕果球形或椭圆球形，雌花果球形，雄花及瘿花果卵球形，雄花花被片 4，红色，瘿花与雌花花被片 4。瘦果。生于林下、路边。

粗叶榕的瘦果

粗叶榕的叶多型，常深裂

薜荔

◆ 学名：*Ficus pumila*
◆ 科属：桑科榕属

识别要点及生境：

　　攀援或匍匐灌木。叶两型，不结果枝叶卵状心形，结果枝上的叶革质、卵状椭圆形，全缘。榕果单生叶腋，瘿花果梨形，雌花果近球形，雄花多数。瘦果。花果期5~8月。生于山地疏林中或路边山石等处。

薜荔结果枝上的革质叶及瘿花果

薜荔不结果枝叶卵状心形，叶小

长穗桑

◆ 学名：*Morus wittiorum*
◆ 科属：桑科桑属

识别要点及生境：

　　落叶乔木或灌木，高4~12 m。叶纸质，长圆形至宽椭圆形，边缘上部具粗浅牙齿或近全缘。花雌雄异株，穗状花序具柄。聚花果狭圆筒形。花期4~5月，果期5~6月。生于林中或沟边。

长穗桑的花序

长穗桑开花植株局部

铁冬青

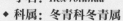

◆ 学名：*Ilex rotunda*
◆ 科属：冬青科冬青属

识别要点及生境：

　　常绿灌木或乔木，高可达 20 m。叶片薄革质或纸质、卵形、倒卵形或椭圆形，全缘。雄花序的花白色，4 基数，雌花序花白色，5~7 基数。果近球形或稀椭圆形，成熟时红色。花期 4 月，果期 8~12 月。生于山坡常绿阔叶林中和林缘。

铁冬青的枝叶

铁冬青果熟后红色

铁冬青的雌花与雄花

毛冬青

◆ 学名：*Ilex pubescens*
◆ 科属：冬青科冬青属

识别要点及生境：

常绿灌木或小乔木，高 3~4 m。叶生于 1~2 年生枝上，叶片纸质或膜质，椭圆形或长卵形，边缘具疏而尖的细锯齿或近全缘。雄花序 4 或 5 基数，粉红色，雌花序的花 6~8 基数。果球形，红色。花期 4~5 月，果期 8~11 月。生于林下、林缘、灌丛中及路边。

毛冬青果枝

毛冬青的雌花序

秤星树（梅叶冬青）

◆ 学名：*Ilex asprella*
◆ 科属：冬青科冬青属

识别要点及生境：

落叶灌木，高达 3 m。叶膜质，在长枝上互生，在缩短枝上 1~4 枚簇生枝顶，卵形或卵状椭圆形，边缘具锯齿。花白色。果球形，熟时黑色。花期 3 月，果期 4~10 月。生于山地疏林中或路旁灌丛中。

秤星树的花枝

秤星树的花与果

榕叶冬青

◆ 学名: *Ilex ficoidea*
◆ 科属: 冬青科冬青属

识别要点及生境：

    常绿乔木，高 8~12 m。叶生于 1~2 年生枝上，叶片革质，长圆状椭圆形、卵状或稀倒卵状椭圆形，边缘具不规则的细圆齿状锯齿。聚伞花序或单花，白色或淡黄绿色，芳香。果球形或近球形，成熟后红色。花期 3~4 月，果期 8~11 月。生于林下、林缘。

榕叶冬青的雄花

榕叶冬青花枝

三花冬青

◆ 学名: *Ilex triflora*
◆ 科属: 冬青科冬青属

识别要点及生境：

    常绿灌木或乔木，高 2~10 m。叶片近革质，椭圆形、长圆形或卵状椭圆形，边缘具近波状浅齿。花白色或淡红色。果球形，成熟后黑色。花期 5~7 月，果期 8~11 月。生于山地阔叶林中、灌木丛中或路边。

三花冬青雌花序

三花冬青枝叶

百齿卫矛

◆ 学名：*Euonymus centidens*
◆ 科属：卫矛科卫矛属

识别要点及生境：

　　灌木，高达 6 m。小枝常有窄翅棱。叶纸质或近革质，窄长椭圆形或近长倒卵形，叶缘具密而深的尖锯齿。聚伞花序，花淡黄色。蒴果，假种皮黄红色。花期 6 月，果期 9~10 月。生长于山坡或密林中。

百齿卫矛的蒴果　　　　　　　　　　　　　百齿卫矛花朵及叶片

疏花卫矛

◆ 学名：*Euonymus laxiflorus*
◆ 科属：卫矛科卫矛属

识别要点及生境：

　　灌木，高达 4 m。叶纸质或近革质，卵状椭圆形、长方椭圆形或窄椭圆形，全缘或具不明显的锯齿。聚伞花序各 5~9 花，花紫色，5 数。蒴果紫红色，倒圆锥状。花期 3~6 月，果期 7~11 月。生长于林下及路边。

疏花卫矛花紫色　　　　　　　　　　　　　疏花卫矛的蒴果紫红色

华南青皮木

◆ 学名：*Schoepfia chinensis*
◆ 科属：铁青树科青皮木属

识别要点及生境：

　　落叶小乔木，高 2~6 m。叶纸质或坚纸质，长椭圆形、椭圆形或卵状披针形。花无梗，2~4 朵排成短穗状或近似头状花序式的螺旋状聚伞花序，花冠黄白色或淡红色。果椭圆状或长圆形。花期 2~4 月，果期 4~6 月。生于山谷、疏林或路边。

华南青皮木的花序

华南青皮木果熟后红色

华南青皮木盛花期

红冬蛇菰

◆ 学名：*Balanophora harlandii*
◆ 科属：蛇菰科蛇菰属

识别要点及生境：

　　草本，高 2.5~9 cm。根茎苍褐色，扁球形或近球形，分枝或不分枝，表面粗糙，密被小斑点，呈脑状皱褶。花淡红色，鳞苞片 5~10 枚，红色或淡红色。花雌雄异株（序）。花期 9~11 月。生于荫蔽林下或有土的岩壁上。

红冬蛇菰花序

红冬蛇菰生境

疏花蛇菰

◆ 学名：*Balanophora laxiflora*
◆ 科属：蛇菰科蛇菰属

识别要点及生境：

　　草本，高 10~20 cm，全株鲜红色至暗红色，有时转紫红色。根茎分枝近球形，表面密被粗糙小斑点和明显淡黄白色星芒状皮孔。花雌雄异株（序），雄花序圆柱状，花被裂片通常 5，雌花序卵圆形至长圆状椭圆形。花期 9~11 月。生于林下。

疏花蛇菰的花序

疏花蛇菰生境

广寄生

◆ 学名：*Taxillus chinensis*
◆ 科属：桑寄生科钝果寄生属

识别要点及生境：

　　灌木，高 0.5~1 m。叶对生或近对生，厚纸质，卵形至长卵形。伞形花序，具花 1~4 朵，通常 2 朵，花褐色，花冠花蕾时管状。果椭圆状或近球形。花果期 4 月至翌年 1 月。寄生于多种植物上。

广寄生果近球形　　　　　　　　　　　　　广寄生花褐色

大苞寄生

◆ 学名：*Tolypanthus maclurei*
◆ 科属：桑寄生科大苞寄生属

识别要点及生境：

　　灌木，高 0.5~1 m。叶薄革质，互生或近对生，或 3~4 枚簇生于短枝上，长圆形或长卵形，顶端急尖或钝，基部楔形或圆钝。聚伞花序，苞片淡红色，花红色或橙色。果椭圆状。花期 4~7 月，果期 8~10 月。产于山地、山谷或溪畔常绿阔叶林中。

大苞寄生的聚伞花序　　　　　　　　　　　大苞寄生的枝叶

显齿蛇葡萄

◆ 学名：*Ampelopsis grossedentata*
◆ 科属：葡萄科蛇葡萄属

识别要点及生境：

　　木质藤本。叶为1~2回羽状复叶，小叶卵圆形、卵状椭圆形或长椭圆形，边缘每侧有2~5个锯齿。花序为伞房状多歧聚伞花序，花瓣5。果近球形。花期5~8月，果期8~12月。生于沟谷灌丛中或路边。

显齿蛇葡萄枝叶

显齿蛇葡萄的果枝

扁担藤

◆ 学名：*Tetrastigma planicaule*
◆ 科属：葡萄科崖爬藤属

识别要点及生境：

　　木质大藤本。茎扁压，深褐色。叶为掌状5小叶，小叶长圆披针形、披针形、卵披针形，边缘每侧有5~9个锯齿。花序腋生，花瓣4。果实近球形，成熟后黄色。花期4~6月，果期8~12月。生于山谷林中或山坡岩石缝中。

扁担藤的花

扁担藤果成熟后黄色

飞龙掌血

◆ 学名：*Toddalia asiatica*
◆ 科属：芸香科飞龙掌血属

识别要点及生境：

　　木质攀援藤本。小叶密生透明油点，卵形、倒卵形、椭圆形或倒卵状椭圆形，叶缘有细裂齿。花淡黄白色。果橙红或朱红色。果期多在秋冬季。常见于灌木、小乔木的次生林中，攀援于它树上。

飞龙掌血花淡黄白色　　　　　　　　　　　飞龙掌血果近球形

楝

◆ 学名：*Melia azedarach*
◆ 科属：楝科楝属

识别要点及生境：

　　落叶乔木，高达 10 余米。叶为 2~3 回奇数羽状复叶，小叶对生，卵形、椭圆形至披针形，顶生一片通常略大，边缘有钝锯齿。花芳香，花瓣淡紫色。核果球形至椭圆形。花期 4~5 月，果期 10~12 月。生于路旁或疏林中。

楝的羽状复叶及核果　　　　　　　　　　　楝的花朵淡紫色

伯乐树

◆ 学名：*Bretschneidera sinensis*
◆ 科属：伯乐树科伯乐树属

识别要点及生境：

　　乔木，高 10~20 m。羽状复叶，小叶 7~15 片，纸质或革质、狭椭圆形、菱状长圆形、长圆状披针形或卵状披针形，多少偏斜，全缘。花淡红色，花瓣内面有红色纵条纹。果椭圆球形，近球形或阔卵形。花期 3~9 月，果期 5 月至翌年 4 月。生于山地林中。

伯乐树植株局部

伯乐树的叶片

伯乐树的花序

罗浮槭

◆ 学名：*Acer fabri*
◆ 科属：槭树科槭属

识别要点及生境：

常绿乔木，常高 10 m。叶革质，披针形、长圆披针形或长圆倒披针形，全缘。花杂性，雄花与两性花同株，萼片 5，紫色，花瓣 5，白色。翅果嫩时紫色，成熟时黄褐色或淡褐色。花期 3~4 月，果期 9 月。生于疏林中或路边。

罗浮槭的花序与翅果　　　　　　　　　　　罗浮槭的革质叶

岭南槭

◆ 学名：*Acer tutcheri*
◆ 科属：槭树科槭属

识别要点及生境：

落叶乔木，高 5~10 m。叶纸质，基部圆形或近于截形，常 3 裂，稀 5 裂。花杂性，雄花与两性花同株，萼片黄绿色，花瓣淡黄白色。翅果嫩时淡红色，成熟时淡黄色。花期 4 月，果期 9 月。生于疏林中。

岭南槭的花序　　　　　　　　　　　　　岭南槭的果实及叶片

锐尖山香圆

◆ 学名：*Turpinia arguta*
◆ 科属：省沽油科山香圆属

识别要点及生境：

　　落叶灌木，高 1~3 m。单叶，对生，厚纸质，椭圆形或长椭圆形，边缘具疏锯齿。顶生圆锥花序，花白色。果近球形，幼时绿色，成熟后红色。花期春季，果期秋季。生于林下、林缘或路边。

锐尖山香圆果熟后红色　　　　　　　　　　　　锐尖山香圆的圆锥花序

盐肤木

◆ 学名：*Rhus chinensis*
◆ 科属：漆树科盐肤木属

识别要点及生境：

　　落叶小乔木或灌木，高 2~10 m。奇数羽状复叶，小叶多形，卵形或椭圆状卵形或长圆形，边缘具粗锯齿或圆齿。圆锥花序，花白色。核果球形，略压扁，成熟时红色。花期 8~9 月，果期 10 月。生于向阳山坡、沟谷、疏林、灌丛或路边。

盐肤木生境　　　　　　　　　　　　盐肤木圆锥花序及成熟的核果

小叶红叶藤

◆ 学名：*Rourea microphylla*
◆ 科属：牛栓藤科红叶藤属

识别要点及生境：

　　攀援灌木，多分枝，高 1~4 m。奇数羽状复叶，小叶通常 7~17 片，小叶坚纸质至近革质，卵形、披针形或长圆披针形。圆锥花序，花芳香，花白色、淡黄色或淡红色。蓇葖果，成熟时红色。花期 3~9 月，果期 5 月至翌年 3 月。生于疏林中或路边。

小叶红叶藤的蓇葖果

小叶红叶藤圆锥花序

小叶红叶藤羽状复叶

少叶黄杞

◆ 学名：*Engelhardtia fenzlii*
◆ 科属：胡桃科黄杞属

识别要点及生境：

乔木。小叶 2 对，有时 1 对，小叶近对生，近革质，椭圆形至长圆状椭圆形，基部不对称，全缘。花序顶生，稍下垂。坚果，密被金黄色鳞秕。花期 5~7 月，果期 9~10 月。生于林中、山谷或路边。

少叶黄杞果枝

少叶黄杞植株局部

少叶黄杞果期

独行千里（尖叶槌果藤）

◆ 学名：*Capparis acutifolia*
◆ 科属：山柑科山柑属

识别要点及生境：

　　藤本或灌木。叶硬草质或亚革质，长圆状披针形，有时卵状披针形，长宽变异甚大。花蕾长圆形，花瓣长圆形，白色，雄蕊长，白色。果成熟后鲜红色，近球形或椭圆形。花期4~5月，果期几乎全年。生于疏林下、路旁或灌丛中。

独行千里果枝

独行千里花朵白色

独行千里生境

桃叶珊瑚

◆ **学名**：*Aucuba chinensis*
◆ **科属**：山茱萸科桃叶珊瑚属

识别要点及生境：

　　常绿小乔木或灌木，高 3~12 m。叶革质，椭圆形或阔椭圆形，稀倒卵状椭圆形，常具 5~8 对锯齿或腺状齿，有时为粗锯齿。圆锥花序，花绿色。幼果绿色，成熟为鲜红色。花期 1~2 月，果熟期达翌年 2 月。生于海拔常绿阔叶林中。

桃叶珊瑚果成熟后鲜红色

桃叶珊瑚的圆锥花序

桃叶珊瑚植株局部

香港四照花

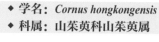

◆ 学名：*Cornus hongkongensis*
◆ 科属：山茱萸科山茱萸属

识别要点及生境：

　　常绿乔木或灌木，高5~15 m，稀达25 m。叶对生，薄革质至厚革质，椭圆形至长椭圆形，稀倒卵状椭圆形。头状花序球形，总苞片4，白色，花小，有香味，花瓣4，淡黄色。果序球形，成熟时黄色或红色。花期5~6月，果期11~12月。生于林中。

香港四照花生境

香港四照花头状花序，总苞白色

香港四照花果序球形

鹅掌柴（鸭脚木）

◆ 学名：*Schefflera heptaphylla*
◆ 科属：五加科鹅掌柴属

识别要点及生境：

乔木或灌木，高 2~15 m。叶有小叶 6~9，最多至 11，小叶片纸质至革质，椭圆形、长圆状椭圆形或倒卵状椭圆形，稀椭圆状披针形。圆锥花序顶生，花白色。果实球形，黑色。花期 11~12 月，果期 12 月。生于林中或路边。

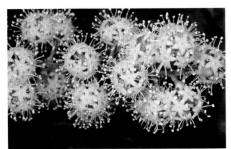

鹅掌柴花朵及果实

鹅掌柴圆锥花序

星毛鹅掌柴

◆ 学名：*Schefflera minutistellata*
◆ 科属：五加科鹅掌柴属

识别要点及生境：

小乔木，高 2~6 m。小枝、叶背、花序、花萼初时密生黄棕色星状茸毛。复叶有小叶 7~15，小叶纸质至薄革质，卵形至披针形，全缘，有时上端有几枚细锯齿。伞形花序多数组成大型圆锥花序。果具 5 棱。花期 9~10 月，果期 10~12 月。生于山顶疏林下。

星毛鹅掌柴花序及果实

星毛鹅掌柴的复叶

云南桤叶树

◆ **学名：** *Clethra delavayi*
◆ **科属：** 桤叶木科桤叶树属

识别要点及生境：

　　落叶灌木或小乔木，高 4~5 m。叶硬纸质，倒卵状长圆形或长椭圆形，稀倒卵形，边缘具锐尖锯齿。总状花序，花瓣 5，长圆状倒卵形。蒴果近球形，下弯。花期 7~8 月，果期 9~10 月。生于山顶的疏林中或杂草丛中。

云南桤叶树果枝

云南桤叶树的总状花序

云南桤叶树生境

齿缘吊钟花

◆ 学名：*Enkianthus serrulatus*
◆ 科属：杜鹃花科吊钟花属

识别要点及生境：

　　落叶灌木或小乔木，高 2.6~6 m。叶密集枝顶，厚纸质，长圆形或长卵形，边缘具细锯齿。伞形花序顶生，每花序上有花 2~6 朵，花下垂，花冠钟形，白绿色。蒴果椭圆形。花期 4 月，果期 5~7 月。生于山顶、山坡等处，也偶见于沟谷。

齿缘吊钟花被糙伏毛下垂

齿缘吊钟花的生境

刺毛杜鹃（太平杜鹃）

◆ 学名：*Rhododendron championiae*
◆ 科属：杜鹃花科杜鹃属

识别要点及生境：

　　常绿灌木，高 2~5 m。叶厚纸质，长圆状披针形，上面疏被短刚毛，下面密被刚毛和短柔毛。花冠白色或淡红色，狭漏斗状，花柱伸出于花冠外。蒴果。花期 4~5 月，果期 5~11 月。生于山谷疏林内。

刺毛杜鹃植株局部

刺毛杜鹃花冠淡红色

丁香杜鹃（华丽杜鹃）

◆ 学名：*Rhododendron farrerae*
◆ 科属：杜鹃花科杜鹃属

识别要点及生境：

落叶灌木，高 1.5~3 m。叶近于革质，常集生枝顶，卵形，边缘具开展的睫毛。花 1~2 朵顶生，先花后叶，花冠辐状漏斗形，紫丁香色。蒴果长圆柱形。花期 5~6 月，果期 7~8 月。生于山地密林中或山顶。

丁香杜鹃

丁香杜鹃

白马银花（香港杜鹃）

◆ 学名：*Rhododendron hongkongense*
◆ 科属：杜鹃花科杜鹃属

识别要点及生境：

常绿灌木，高 1~7 m。叶革质，集生枝顶，椭圆形、椭圆状卵形或倒卵状披针形，边缘微反卷。花单生枝顶叶腋花芽内，具花 2~4 朵，花冠白色或淡紫色。蒴果。花期 3~4 月，果期 7~12 月。生于林中或路边山坡之上。

白马银花花冠白色

白马银花植株局部

鹿角杜鹃

◆ 学名：*Rhododendron latoucheae*
◆ 科属：杜鹃花科杜鹃属

识别要点及生境：

常绿灌木或小乔木，高 2~5 m。叶集生枝顶，近于轮生，革质，卵状椭圆形或长圆状披针形。花冠白色或带粉红色，花柱宿存。蒴果圆柱形。花期 3~4 月，果期 7~10 月。生于林缘或林下。

鹿角杜鹃的花柱宿存

鹿角杜鹃花枝

两广杜鹃（增城杜鹃）

◆ 学名：*Rhododendron tsoi*
◆ 科属：杜鹃花科杜鹃属

识别要点及生境：

半常绿灌木，高 0.5~1 m。叶革质，常簇生枝端，椭圆形或倒卵状阔椭圆形，先端钝或近圆形，常具短尖头，疏生刚毛状睫毛。伞形花序有花 3~5 朵，蔷薇色。蒴果。花期 4~5 月，果期 6~8 月。生于干旱的山地或疏林中。

两广杜鹃的花枝

两广杜鹃的花序及叶片

杜鹃（映山红）

◆ 学名：*Rhododendron simsii*
◆ 科属：杜鹃花科杜鹃属

识别要点及生境：

落叶灌木，高 2~5 m。叶革质，常集生枝端，卵形、椭圆状卵形或倒卵形或倒卵形至倒披针形。花 2~6 朵簇生枝顶，花冠阔漏斗形，玫瑰色、鲜红色或暗红色。蒴果。花期 4~5 月，果期 6~8 月。生于山地灌木林中或路边。

杜鹃的花簇生枝顶

杜鹃的新叶

毛棉杜鹃花

◆ 学名：*Rhododendron moulmainense*
◆ 科属：杜鹃花科杜鹃属

识别要点及生境：

灌木或小乔木，高 2~8 m。叶厚革质，集生枝端，近于轮生，长圆状披针形或椭圆状披针形。伞形花序，每花序有花 3~5 朵，花冠淡紫色、粉红色或淡红白色。蒴果圆柱状。花期 4~5 月，果期 7~12 月。生于灌丛或疏林中。

毛棉杜鹃花花冠阔漏斗形

毛棉杜鹃花盛花期

流苏萼越橘

◆ 学名：*Vaccinium fimbricalyx*
◆ 科属：越橘科越橘属

识别要点及生境：

常绿灌木。叶多数，散生，叶片革质，椭圆状披针形、卵状披针形至披针形，边缘全缘。总状花序，具 6~12 朵花，萼片边缘密被白色纤毛，呈流苏状，花冠白色。浆果球形。花期初夏，果期秋季。生于山顶林中。

流苏萼越橘植株局部　　　　　　流苏萼越橘的总状花序及浆果

江南越橘

◆ 学名：*Vaccinium mandarinorum*
◆ 科属：越橘科越橘属

识别要点及生境：

常绿灌木或小乔木，高 1~4 m。叶片厚革质，卵形或长圆状披针形，边缘有细锯齿。总状花序有多数花，花冠白色，有时带淡红色，微香，筒状或筒状坛形。浆果。花期 4~6 月，果期 6~10 月。生于山坡灌丛、杂木林中或路边林缘。

江南越橘的总状花序

江南越橘花枝

罗浮柿

◆ **学名：** *Diospyros morrisiana*
◆ **科属：** 柿树科柿属

识别要点及生境：

乔木或小乔木，高可达 20 m。叶薄革质，长椭圆形或下部的为卵形，叶缘微背卷。雄花序腋生，下弯，聚伞花序式，雄花带白色，雌花单生。果球形。花期 5~6 月，果期 11 月。生于山坡、疏林或路边。

罗浮柿的花及果实　　　　　　　　罗浮柿植株局部

野柿

◆ **学名：** *Diospyros kaki* **var.** *silvestris*
◆ **科属：** 柿树科柿属

识别要点及生境：

为柿的变种，落叶乔木，小枝及叶柄常密被黄褐色柔毛，叶较栽培柿树的叶小，叶片下面的毛较多，花较小，果亦较小，直径约 2~5 cm。花期 4~6 月，果期秋季。生于林中或山坡灌丛中。

野柿的果实及雌花　　　　　　　　野柿的纸质叶

九管血

◆ 学名：*Ardisia brevicaulis*
◆ 科属：紫金牛科紫金牛属

识别要点及生境：

　　矮小灌木，具匍匐生根的根茎。叶片坚纸质，狭卵形或卵状披针形，或椭圆形至近长圆形，近全缘。伞形花序，花瓣粉红色。果球形，鲜红色。花期 6~7 月，果期 10~12 月。生于疏林下、路边等处。

九管血的伞形花序　　　　　　　九管血果实红色

九管血生境

朱砂根

◆ 学名：*Ardisia crenata*
◆ 科属：紫金牛科紫金牛属

识别要点及生境：

　　灌木，高1~2 m，稀达3 m。叶片革质或坚纸质，椭圆形、椭圆状披针形至倒披针形，边缘具皱波状或波状齿。伞形花序或聚伞花序，花瓣白色，稀略带粉红色。果球形，鲜红色。花期5~6月，果期10~12月。生于林下阴湿的灌木丛中或路边。

朱砂根果球形鲜红色　　　　　　　　　　　　朱砂根花瓣白色

朱砂根生境

山血丹

◆ 学名：*Ardisia lindleyana*
◆ 科属：紫金牛科紫金牛属

识别要点及生境：

　　灌木或小灌木，高1~2 m。叶片革质或近坚纸质，长圆形至椭圆状披针形，顶端急尖或渐尖，近全缘或具微波状齿。单生或稀为复伞形花序，花瓣白色。果球形，深红色。花期5~7月，果期10~12月。生于林缘、林下或路边。

山血丹果实深红色

山血丹生境

虎舌红

◆ 学名：*Ardisia mamillata*
◆ 科属：紫金牛科紫金牛属

识别要点及生境：

　　矮小灌木，高不超过15 cm。叶片坚纸质，倒卵形至长圆状倒披针形，两面绿色或暗紫红色，被锈色或有时为紫红色糙伏毛。伞形花序，花瓣粉红色，稀近白色。果球形，鲜红色。花期6~7月，果期11月至翌年1月，有时达6月。生于林下、路边等处。

虎舌红花瓣粉红色或近白色

虎舌红植株

光萼紫金牛

◆ 学名：*Ardisia omissa*
◆ 科属：紫金牛科紫金牛属

识别要点及生境：

常绿亚灌木，高 1.5~10 cm。叶螺旋状着生，近莲座状，叶长圆状椭圆形、稀为倒卵状椭圆形，纸质。花序腋生，花冠淡红色。果球形，鲜红色。花期 7 月，果期 11 月至翌年 4 月。生于疏林下、路边等处。

光萼紫金牛生境

光萼紫金牛果鲜红色

光萼紫金牛花冠淡红色

九节龙

◆ 学名：*Ardisia pusilla*
◆ 科属：紫金牛科紫金牛属

识别要点及生境：

　　亚灌木状小灌木，高 30~40 cm。叶对生或近轮生，叶片坚纸质，椭圆形或倒卵形，边缘具明显或不甚明显的锯齿和细齿。伞形花序，花瓣白色或带微红色。果球形，红色。花期 5~7 月，罕见于 12 月，果期与花期相近。生于林下、路旁或阴湿的地方。

九节龙果红色

九节龙生境

杜茎山

◆ 学名：*Maesa japonica*
◆ 科属：紫金牛科杜茎山属

识别要点及生境：

　　灌木，直立，有时外倾或攀援，高 1~5 m。叶片革质，有时较薄，椭圆形至披针状椭圆形，或倒卵形至长圆状倒卵形，或披针形。总状花序或圆锥花序，花冠白色。果球形。花期 1~3 月，果期 10 月或 5 月。生于林下或路边。

杜茎山果实球形

杜茎山花小白色

白花酸藤果

◆ 学名：*Embelia ribes*
◆ 科属：紫金牛科酸藤子属

识别要点及生境：

攀援灌木或藤本，长 3~6 m，有时达 9 m 以上。叶片坚纸质，倒卵状椭圆形或长圆状椭圆形。圆锥花序顶生，花 5 数，稀 4 数，花瓣淡绿色或白色。果球形或卵形。花期 1~7 月，果期 5~12 月。生于林下、林缘的灌丛中。

白花酸藤子果枝

白花酸藤果圆锥花序，花 5 数

厚叶白花酸藤果

◆ 学名：*Embelia ribes* subsp. *pachyphylla*
◆ 科属：紫金牛科酸藤子属

识别要点及生境：

本亚种与前者的主要区别是小枝密被柔毛，极少无毛；叶片厚，革质或几肉质，稀坚纸质，背面被白粉。果较小。花期 5~6 月，果期夏秋季。生于疏、密林下、灌木丛中或路边。

厚叶白花酸藤子果枝

厚叶白花酸藤子的花序

鲫鱼胆

◆ 学名：*Maesa perlarius*
◆ 科属：紫金牛科杜茎山属

识别要点及生境：

　　小灌木，高 1~3 m。叶片纸质或近坚纸质，广椭圆状卵形至椭圆形，边缘从中下部以上具粗锯齿，下部常全缘。总状花序或圆锥花序，花冠白色，钟形。果球形。花期 3~4 月，果期 12 月至翌年 5 月。生于山坡、路边的疏林或灌丛中。

鲫鱼胆小花白色

鲫鱼胆果实球形

密花树

◆ 学名：*Myrsine seguinii*
◆ 科属：紫金牛科铁仔属

识别要点及生境：

　　大灌木或小乔木，高 2~7 m。叶片革质，长圆状倒披针形至倒披针形，全缘。伞形花序或花簇生，有花 3~10 朵，花瓣白色或淡绿色，有时为紫红色。果球形或近卵形。花期 4~5 月，果期 10~12 月。生于林下、林缘或路边。

密花树果实近球形

密花树的花序

赤杨叶

◆ 学名：*Alniphyllum fortunei*
◆ 科属：安息香科赤杨叶属

识别要点及生境：

乔木，高 15~20 m。叶膜质，椭圆形、宽椭圆形或倒卵状椭圆形，边缘具疏离硬质锯齿。总状花序或圆锥花序，有花 10~20 多朵，花白色或粉红色。果实长圆形或长椭圆形。花期 4~7 月，果期 8~10 月。生于林中。

赤杨叶花枝

赤杨叶花白色

广东木瓜红

◆ 学名：*Rehderodendron kwangtungense*
◆ 科属：安息香科木瓜红属

识别要点及生境：

乔木，高达 15 m。叶纸质至革质，长圆状椭圆形或椭圆形，边缘有疏离锯齿。总状花序有花 6~8 朵，花白色，开于长叶之前。果单生，长圆形、倒卵形或椭圆形。花期 3~4 月，果期 7~9 月。生于林中。

广东木瓜红花枝

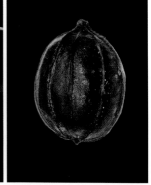

广东木瓜红的总状花序及果实

赛山梅

◆ 学名：*Styrax confusus*
◆ 科属：安息香科安息香属

识别要点及生境：

　　小乔木，高 2~8 m。叶革质或近革质，椭圆形、长圆状椭圆形或倒卵状椭圆形。总状花序顶生，有花 3~8 朵，花白色。果实近球形或倒卵形。花期 4~6 月，果期 9~11 月。生于丘陵、山地疏林中。

赛山梅的革质叶

赛山梅的总状花序

赛山梅花枝

腺柄山矾

◆ 学名：*Symplocos adenopus*
◆ 科属：山矾科山矾属

识别要点及生境：

灌木或小乔木。叶纸质，椭圆状卵形或卵形，边缘及叶柄两侧有大小相间半透明的腺锯齿。团伞花序腋生，花冠白色，5 深裂几达基部。核果圆柱形。花期 10~12 月，果期翌年 7~8 月。生于山地、路旁或疏林中。

腺柄山矾的花枝

腺柄山矾的团伞花序

华山矾

◆ 学名：*Symplocos chinensis*
◆ 科属：山矾科山矾属

识别要点及生境：

灌木。叶纸质，椭圆形或倒卵形，边缘有细尖锯齿，叶面有短柔毛。圆锥花序顶生或腋生，花序轴、苞片、萼外面均密被灰黄色皱曲柔毛，花冠白色，芳香。核果卵状圆球形，歪斜。花期 4~5 月，果期 8~9 月。生于山坡、杂林中及路边。

华山矾的圆锥花序

华山矾的枝叶

光叶山矾

- ◆ 学名：*Symplocos lancifolia*
- ◆ 科属：山矾科山矾属

识别要点及生境：

　　小乔木。叶纸质或近膜质，干后有时呈红褐色，卵形至阔披针形，边缘具稀疏的浅钝锯齿。穗状花序，花冠淡黄色，5深裂几达基部。核果近球形。花期3~11月，果期6~12月。生于林中或林缘。

光叶山矾植株局部

光叶山矾的穗状花序

叶萼山矾

- ◆ 学名：*Symplocos phyllocalyx*
- ◆ 科属：山矾科山矾属

识别要点及生境：

　　常绿小乔木。叶革质，狭椭圆形、椭圆形或长圆状倒卵形，边缘具波状浅锯齿。穗状花序，花冠5深裂几达基部。花期秋至春季，果期冬至夏季。生于半山及山顶的杂木林中。

叶萼山矾的革质叶

叶萼山矾的花序

老鼠矢

◆ 学名：*Symplocos stellaris*
◆ 科属：山矾科山矾属

识别要点及生境：

常绿乔木。叶厚革质，叶面有光泽，叶背粉褐色，披针状椭圆形或狭长圆状椭圆形，通常全缘，很少有细齿。团伞花序，花冠白色。核果狭卵状圆柱形。花期 4~5 月，果期 6 月。生于林中。

老鼠矢的团伞花序

老鼠矢的花枝

蓬莱葛

◆ 学名：*Gardneria multiflora*
◆ 科属：马钱科蓬莱葛属

识别要点及生境：

木质藤本，长达 8 m。叶片纸质至薄革质，椭圆形、长椭圆形或卵形，少数披针形，顶端渐尖或短渐尖，基部宽楔形、钝或圆。聚伞花序，花 5 数，黄色或黄白色。浆果。花期 3~7 月，果期 7~11 月。生于林下或灌丛中。

蓬莱葛的花枝

蓬莱葛的叶片

钩吻

◆ 学名：*Gelsemium elegans*
◆ 科属：马钱科钩吻属

识别要点及生境：

　　常绿木质藤本，长 3~12 m。叶片膜质，卵形、卵状长圆形或卵状披针形。花密集，花冠黄色，漏斗状，内面有淡红色斑点。蒴果。花期 5~11 月，果期 7 月至翌年 3 月。生于灌丛中或疏林下。有剧毒。

钩吻的黄色花冠及蒴果

钩吻盛花期

苦枥木

◆ 学名：*Fraxinus insularis*
◆ 科属：木犀科梣属

识别要点及生境：

　　落叶大乔木，高 20~30 m。羽状复叶，小叶 3~7 枚，长圆形或椭圆状披针形，叶缘具浅锯齿。圆锥花序，花芳香，花冠白色，裂片匙形。翅果红色至褐色。花期 4~5 月，果期 7~9 月。生于山地、河谷等处。

苦枥木花冠白色

苦枥木植株局部

扭肚藤

◆ 学名: *Jasminum elongatum*
◆ 科属: 木犀科素馨属

识别要点及生境：

攀援灌木，高 1~7 m。叶对生，单叶，叶片纸质，卵形、狭卵形或卵状披针形。聚伞花序密集，顶生或腋生，有花多朵，花微香，花冠白色，高脚碟状。果长圆形或卵圆形。花期 4~12 月，果期 8 月至翌年 3 月。生灌丛中或林缘处。

扭肚藤的聚伞花序

扭肚藤果实及枝叶

清香藤

◆ 学名: *Jasminum lanceolaria*
◆ 科属: 木犀科素馨属

识别要点及生境：

大型攀援灌木，高 10~15 m。叶对生或近对生，三出复叶，小叶片椭圆形、长圆形、卵形、卵形或披针形，稀近圆形。复聚伞花序常排列呈圆锥状，花芳香，花冠白色，高脚碟状。果球形或椭圆形。花期 4~10 月，果期 6 月至翌年 3 月。生于灌丛、路边处。

清香藤圆锥状花序

清香藤果实及叶片

厚叶素馨

◆ 学名: *Jasminum pentaneurum*
◆ 科属: 木犀科素馨属

识别要点及生境:

攀援灌木, 高1~9 m。叶对生, 单叶, 叶片革质, 宽卵形、卵形或椭圆形, 有时几近圆形, 稀披针形。聚伞花序有花多朵, 花芳香, 花冠白色。果球形、椭圆形或肾形。花期8月至翌年2月, 果期2~5月。生于山谷、灌丛或混交林中。

厚叶素馨的聚伞花序

厚叶素馨的革质叶

小蜡

◆ 学名: *Ligustrum sinense*
◆ 科属: 木犀科女贞属

识别要点及生境:

落叶灌木或小乔木, 高2~7 m。叶片纸质或薄革质, 卵形、椭圆状卵形、长圆形、长圆状椭圆形至披针形, 或近圆形。圆锥花序顶生或腋生, 塔形。果近球形。花期3~6月, 果期9~12月。生于林下、林缘或路边。

小蜡的圆锥花序

小蜡的果实

尖山橙

◆ 学名：*Melodinus fusiformis*
◆ 科属：夹竹桃科山橙属

识别要点及生境：

　　粗壮木质藤本。叶近革质，椭圆形或长椭圆形，稀椭圆状披针形。聚伞花序着花 6~12 朵，花冠白色，花冠裂片长卵圆形或倒披针形，偏斜不正。浆果橙红色，椭圆形，顶端短尖。花期 4~9 月，果期 6 月至翌年 3 月。生于疏林中或山坡路旁。

尖山橙果实橙红色，顶端短尖

尖山橙生境

尖山橙的花冠白色

山橙

◆ 学名: *Melodinus suaveolens*
◆ 科属: 夹竹桃科山橙属

识别要点及生境：

　　攀援木质藤本，长达10 m。叶近革质，椭圆形或卵圆形。聚伞花序，花白色，花冠裂片上部向一边扩大而成镰刀状或成斧形，具双齿。浆果球形，顶端具钝头，橙黄色或橙红色。花期5~11月，果期8月至翌年1月。生于疏林下或路边。

山橙花白色，花冠裂片镰形或斧形

山橙浆果球形

山橙的聚伞花序

羊角拗（断肠草）

◆ 学名：*Strophanthus divaricatus*
◆ 科属：夹竹桃科羊角拗属

识别要点及生境：

　　灌木，高达2m。叶薄纸质，椭圆状长圆形或椭圆形，边缘全缘。聚伞花序顶生，花黄色，花冠漏斗状，花冠裂片外弯，顶端延长成一长尾带状。蓇葖广叉开，木质，椭圆状长圆形。花期3~7月，果期6月至翌年2月。生于路旁疏林中或山坡灌丛中，有大毒。

羊角拗生境

羊角拗的蓇葖广叉开

羊角拗花黄色，花冠顶端延为长尾带状

络石

◆ 学名：*Trachelospermum jasminoides*
◆ 科属：夹竹桃科络石属

识别要点及生境：

常绿木质藤本，长达 10 m。叶革质或近革质，椭圆形至卵状椭圆形或宽倒卵形。二歧聚伞花序腋生或顶生，花多朵组成圆锥状，花白色，芳香。蓇葖双生，叉开。花期 3~7 月，果期 7~12 月。生于溪边、路旁、林缘或杂木林中。

络石的花白色

络石的植株

酸叶胶藤

◆ 学名：*Urceola rosea*
◆ 科属：夹竹桃科水壶藤属

识别要点及生境：

木质大藤本，长达 10 m。叶纸质，阔椭圆形。聚伞花序圆锥状，多歧，顶生，着花多朵，花小，粉红色。蓇葖 2 枚，叉开成近一直线。花期 4~12 月，果期 7 月至翌年 1 月。生于林中、溪边或路边。

酸叶胶藤聚伞花序

酸叶胶藤花枝

黑鳗藤

◆ 学名：*Jasminanthes mucronata*
◆ 科属：萝藦科黑鳗藤属

识别要点及生境：

　　藤状灌木，长达 10 m。叶纸质，卵圆状长圆形。聚伞花序，通常着花 2~4 朵，稀多朵，花冠白色，花冠裂片镰刀形。蓇葖长披针形。花期 5~6 月，果期 9~10 月。生长于山地疏密林中。

黑鳗藤生境　　　　　　　　　　　　黑鳗藤花冠白色

黑鳗藤的聚伞花序

白果香楠

- ◆ 学名: *Alleizettella leucocarpa*
- ◆ 科属: 茜草科白香楠属

识别要点及生境:

无刺灌木,高 1~3 m,有时呈攀援状。叶纸质或薄革质,对生,长圆状倒卵形、长圆形、狭椭圆形或披针形。聚伞花序有花数朵,花冠白色,高脚碟形。浆果球形,淡黄白色。花期 4~6 月,果期 6 月至翌年 2 月。生于林下、灌丛中或路边。

白果香楠的浆果淡黄白色

白果香楠的小花及叶片

狗骨柴

- ◆ 学名: *Diplospora dubia*
- ◆ 科属: 茜草科狗骨柴属

识别要点及生境:

灌木或乔木,高 1~12 m。叶革质,少为厚纸质,卵状长圆形、长圆形、椭圆形或披针形。花腋生,花冠白色或黄色,花冠裂片向外反卷。浆果近球形,成熟时红色。花期 4~8 月,果期 5 月至翌年 2 月。生于林中、灌丛或路边。

狗骨柴的花及浆果

狗骨柴的革质叶

绣球茜草

◆ 学名：*Dunnia sinensis*
◆ 科属：茜草科绣球茜属

识别要点及生境：

灌木，高 0.3~2.5 m。叶纸质或革质，披针形或倒披针形，边缘常反卷。变态的花萼裂片白色，大，卵形或椭圆形，花冠黄色。蒴果近球形。花果期 4~11 月。生于林中、灌丛中、路边的土坡或覆土的石壁上。

绣球茜草花萼裂片白色

绣球茜草果枝

绣球茜草生境

栀子

◆ 学名：*Gardenia jasminoides*
◆ 科属：茜草科栀子属

识别要点及生境：

灌木，高 0.3~3 m。叶对生，少为 3 枚轮生，叶通常为长圆状披针形、倒卵状长圆形、倒卵形或椭圆形。花芳香，花冠白色或乳黄色。果卵形、近球形、椭圆形或长圆形，黄色或橙红色。花期 3~7 月，果期 5 月至翌年 2 月。生于灌丛或林中。

栀子果实黄色或橙红色

栀子花冠白色，后期转为黄色

栀子生境

粗叶木

◆ 学名：*Lasianthus chinensis*
◆ 科属：茜草科粗叶木属

识别要点及生境：

灌木，高通常 2~4 m，有时为高达 8 m 的小乔木。叶薄革质或厚纸质，通常为长圆形或长圆状披针形，很少椭圆形。花冠通常白色，有时带紫色。核果。花期 4~5 月，果期 9~10 月。生于林缘或林下。

粗叶木叶片革质或厚纸质

粗叶木花冠通常白色带紫色

粗叶木的核果蓝色

羊角藤

◆ 学名：*Morinda umbellata* subsp. *obovata*
◆ 科属：茜草科巴戟天属

识别要点及生境：

　　藤本，攀援或缠绕，有时呈披散灌木状。叶纸质或革质，倒卵形、倒卵状披针形或倒卵状长圆形。头状花序具花 6~12 朵，花 4~5 基数，花冠白色。聚花核果由 3~7 花发育而成，成熟时红色。花期 6~7 月，果熟期 10~11 月。生于林下、溪旁及路边。

羊角藤的核果与花序

羊角藤的植株

玉叶金花

◆ 学名：*Mussaenda pubescens*
◆ 科属：茜草科玉叶金花属

识别要点及生境：

　　攀援灌木。叶对生或轮生，膜质或薄纸质，卵状长圆形或卵状披针形。聚伞花序顶生，密花，花叶阔椭圆形，花冠黄色。浆果近球形。花期 6~7 月。生于灌丛、溪谷、山坡或路边。

玉叶金花的"花叶"白色

玉叶金花生境

华腺萼木

◆ 学名：*Mycetia sinensis*
◆ 科属：茜草科腺萼木属

华腺萼木浆果白色

识别要点及生境：

　　灌木或亚灌木，高通常 20~50 cm。叶近膜质，长圆状披针形或长圆形，有时近卵形或椭圆形。聚伞花序顶生，有花多朵，花冠白色，狭管状。果近球形，成熟时白色。花期 7~8月，果期 9~11 月。生于密林下的沟溪边或林中路旁。

华腺萼木叶片膜质

华腺萼木花小，白色

广州蛇根草

◆ 学名：*Ophiorrhiza cantonensis*
◆ 科属：茜草科蛇根草属

识别要点及生境：

　　草本或亚灌木，高 30~50 cm 或更高。叶片纸质，通常长圆状椭圆形，有时卵状长圆形或长圆状披针形，全缘。花序顶生，多花，花冠白色或微红。蒴果僧帽状。花期冬春，果期春夏。生于林下、沟谷边或路边。

广州蛇根草生境　　　　　　　　广州蛇根草的短柱花与长柱花

日本蛇根草

◆ 学名：*Ophiorrhiza japonica*
◆ 科属：茜草科蛇根草属

识别要点及生境：

　　草本，高 20~40 cm 或过之。叶片纸质，卵形，椭圆状卵形或披针形，有时狭披针形。花序顶生，有花多朵，花 2 型，花冠白色或粉红色。蒴果近僧帽状。花期冬春，果期春夏。生于林下、沟谷边或路边。

日本蛇根草植物　　　　　　　　　　日本蛇根草的短柱花与长柱花

短小蛇根草

◆ **学名:** *Ophiorrhiza pumila*
◆ **科属:** 茜草科蛇根草属

识别要点及生境:

矮小草本,高通常10 cm余,但有时可达30 cm余。叶纸质,卵形、披针形、椭圆形或长圆形。花序顶生,多花,花冠白色,近管状。蒴果僧帽状或略呈倒心状。花期早春。生于林下沟溪边、林下或潮湿的土壁上。

短小蛇根草花序顶生

短小蛇根草生境

蔓九节

◆ **学名:** *Psychotria serpens*
◆ **科属:** 茜草科九节属

识别要点及生境:

攀援或匍匐藤本,长可达6 m。叶对生,纸质或革质,叶形变化很大,年幼植株的叶多呈卵形或倒卵形,年老植株的叶多呈椭圆形、披针形、倒披针形或倒卵状长圆形。聚伞花序,花冠白色。浆果白色。花期4~6月,果期全年。生于林下、路边或山石处。

蔓九节浆果白色

蔓九节植株

广东螺序草

◆ 学名：*Spiradiclis guangdongensis*
◆ 科属：茜草科螺序草属

识别要点及生境：

多枝匍匐草本。叶纸质，心状圆形至阔卵形，边缘有缘毛。花序顶生或有时腋生，有花1~3朵，花2型，花柱异长，有长柱花及短柱花，花冠白色，狭漏斗状。蒴果球状倒圆锥形。花期早春。生于林下、林缘或石壁上。

广东螺序草长柱花

广东螺序草纸质叶

广东螺序草短柱花

广东螺序草群落

白花苦灯笼（乌口树）

◆ 学名：*Tarenna mollissima*
◆ 科属：茜草科乌口树属

识别要点及生境：

灌木或小乔木，高 1~6 m。叶纸质，披针形、长圆状披针形或卵状椭圆形。伞房状的聚伞花序顶生，多花，花冠白色。果近球形，黑色。花期 5~7 月，果期 5 月至翌年 2 月。生于林中、灌丛中或路边。

白花苦灯笼的聚伞花序

白花苦灯笼植株局部

钩藤

◆ 学名：*Uncaria rhynchophylla*
◆ 科属：茜草科钩藤属

识别要点及生境：

藤本。叶纸质，椭圆形或椭圆状长圆形。头状花序单生叶腋，或成单聚伞状排列，花冠裂片卵圆形，花柱伸出冠喉外。蒴果。花果期 5~12 月。生于山谷溪边的疏林或灌丛中。

钩藤的枝叶

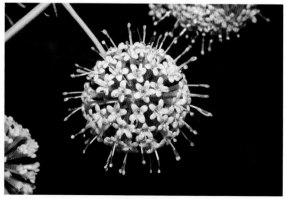

钩藤的头状花序

水锦树

◆ 学名：*Wendlandia uvariifolia*
◆ 科属：茜草科水锦树属

识别要点及生境：

　　灌木或乔木，高 2~15 m。叶纸质、宽椭圆形、长圆形、卵形或长圆状披针形。圆锥状的聚伞花序顶生，花小，常数朵簇生，花冠漏斗状，白色。蒴果。花期1~5月，果期4~10月。生于林中、林缘或灌丛中。

水锦树的聚伞花序

水锦树的纸质叶

水锦树植株

华南忍冬（山银花）

◆ 学名：*Lonicera confusa*
◆ 科属：忍冬科忍冬属

识别要点及生境：

半常绿藤本。叶纸质，卵形至卵状矩圆形，幼时两面有短糙毛。花有香味，双花腋生或于小枝或侧生短枝顶集成具 2~4 节的短总状花序，花冠白色，后变黄色。果实黑色。花期 4~5 月，有时 9~10 月开第二次花，果熟期 10 月。生于杂木林下或路边。

华南忍冬的短总状花序

华南忍冬纸质叶对生

大花忍冬

◆ 学名：*Lonicera macrantha*
◆ 科属：忍冬科忍冬属

识别要点及生境：

半常绿藤本。叶近革质或厚纸质，卵形至卵状矩圆形或长圆状披针形至披针形。花微香，双花腋生，常于小枝稍密集成多节的伞房状花序，花冠白色，后变黄色。果实黑色。花期 4~5 月，果熟期 7~8 月。生于林中或灌丛中。

大花忍冬叶近革质或厚纸质

大花忍冬的伞房状花序

南方荚蒾

◆ 学名：*Viburnum fordiae*
◆ 科属：忍冬科荚蒾属

识别要点及生境：

　　灌木或小乔木，高可达5 m。叶纸质至厚纸质，宽卵形或菱状卵形，边缘除基部外常有小尖齿。复伞式聚伞花序，花冠白色。果实红色，卵圆形。花期4~5月，果熟期10~11月。生于疏林、灌丛中。

南方荚蒾的聚伞花序

南方荚蒾的花枝

金钮扣

◆ 学名：*Acmella paniculata*
◆ 科属：菊科金钮扣属

识别要点及生境：

　　一年生草本，高15~80 cm。叶卵形、宽卵圆形或椭圆形，全缘，波状或具波状钝锯齿。头状花序单生，或圆锥状排列，有或无舌状花，花黄色。瘦果。花果期4~11月。生于沟边、溪旁潮湿地、路旁及林缘。

金钮扣的头状花序

金钮扣生境

马兰

◆ 学名: *Aster indicus*
◆ 科属: 菊科紫菀属

识别要点及生境：

草本，高 30~70 cm。基部叶在花期枯萎，茎部叶倒披针形或倒卵状矩圆形，中部以上具有小尖头的钝或尖齿或有羽状裂片，上部叶小，全缘。头状花序排列成疏伞房状，舌片浅紫色。瘦果。花期 5~9 月，果期 8~10 月。生于路边或沟溪旁。

马兰舌状花浅紫色

马兰生境

三脉紫菀

◆ 学名: *Aster trinervius* subsp. *ageratoides*
◆ 科属: 菊科紫菀属

识别要点及生境：

多年生草本，高 40~100 cm。下部叶在花期枯落，叶片宽卵圆形，中部叶椭圆形或长圆状披针形，边缘有锯齿。头状花序排成伞房或圆锥伞房状，舌状花紫色、浅红色或白色，管状花黄色。瘦果。花果期 7~12 月。生于林下、林缘、灌丛或路边。

三脉紫菀的伞房花序

三脉紫菀生境

毒根斑鸠菊

◆ 学名：*Vernonia cumingiana*
◆ 科属：菊科斑鸠菊属

识别要点及生境：

攀援灌木或藤本，长 3~12 m。叶厚纸质，卵状长圆形，长圆状椭圆形或长圆状披针形，全缘或稀具疏浅齿。头状花序具多花，花淡红或淡红紫色，花冠管状。瘦果。花期 10 月至翌年 4 月。生于溪边、灌丛或疏林中。

毒根斑鸠菊的头状花序紫红色

毒根斑鸠菊植株

茄叶斑鸠菊

◆ 学名：*Vernonia solanifolia*
◆ 科属：菊科斑鸠菊属

识别要点及生境：

直立灌木或小乔木，高 8~12 m。叶卵形或卵状长圆形，全缘，浅波状或具疏钝齿。头状花序小，多数，花有香气，花冠管状，粉红色或淡紫色。瘦果。花期 11 月至翌年 4 月。生于山谷疏林中。

茄叶斑鸠菊枝叶

茄叶斑鸠菊头状花序粉红或淡紫

杯药草

◆ **学名：** *Cotylanthera paucisquama*
◆ **科属：** 龙胆科杯药草属

识别要点及生境：

寄生小草本，高 5~10 cm。茎直立，黄色或白色，具节，圆柱形。叶 3~6 对，鳞片形。花单生茎顶，4 数，萼裂片三角形。花冠蓝色或淡紫色，裂片狭矩圆形，全缘。蒴果。花期春夏季。生林下。广东新分布种。

杯药草生境

杯药草花朵特写

罗星草

◆ **学名：** *Canscora andrographioides*
◆ **科属：** 龙胆科穿心草属

识别要点及生境：

一年生草本，高 20~40 cm。叶卵状披针形。复聚伞花序呈假二叉分枝或聚伞花序顶生和腋生，花冠白色，十字形。蒴果。花果期 9~11 月。生于山谷、林下、灌丛中或路边。

罗星草花冠白色

罗星草生境

五岭龙胆

◆ 学名：*Gentiana davidii*
◆ 科属：龙胆科龙胆属

识别要点及生境：

　　多年生草本，高 5~15 cm。具莲座丛叶及茎生叶，叶线状披针形或椭圆状披针形。花多数，簇生枝端呈头状，花冠蓝色，无斑点和条纹，狭漏斗形。蒴果。花果期 8~11 月。生于山顶草丛、路旁或林缘等处。

五岭龙胆花冠蓝色

五岭龙胆花多数，簇生呈头状

华南龙胆

◆ 学名：*Gentiana loureiroi*
◆ 科属：龙胆科龙胆属

识别要点及生境：

　　多年生草本，高 3~8 厘米。茎少数丛生，直立。基生叶缺无或发达，莲座状，狭椭圆形，茎生叶疏离，椭圆形或椭圆披针形。花数朵，单生于小枝顶端，花冠紫色。蒴果。花果期 2~9 月。生山坡及林下。

华南龙胆花朵紫色

华南龙胆生境

香港双蝴蝶

◆ 学名：*Tripterospermum nienkui*
◆ 科属：龙胆科双蝴蝶属

识别要点及生境：

多年生缠绕草本。基生叶丛生，卵形，茎生叶卵形或卵状披针形，边缘微波状。花单生叶腋，或2~3朵呈聚伞花序，花冠紫色、蓝色或绿色带紫斑，狭钟形。浆果紫红色。花果期10~12月。生于疏林下、灌丛中或路边。

香港双蝴蝶的浆果紫红色

香港双蝴蝶花冠狭钟形

香港双蝴蝶生境

金钱豹

◆ 学名：*Campanumoea javanica*
◆ 科属：桔梗科金钱豹属

识别要点及生境：

　　草质缠绕藤本。叶对生，极少互生，叶片心形或心状卵形，边缘有浅锯齿，极少全缘。花单朵生叶腋，花冠白色或黄绿色，内面紫色，钟状，裂至中部。浆果黑紫色。花期8~10月，果期秋季。生于灌丛中、疏林下或路边。

金钱豹浆果黑紫色

金钱豹花冠钟状

金钱豹花内面紫色

金钱豹生境

轮钟花（长叶轮钟草）

- ◆ 学名：*Cyclocodon lancifolius*
- ◆ 科属：桔梗科轮钟花属

识别要点及生境：

直立或蔓性草本，茎高可达 3 m。叶对生，偶有 3 枚轮生的，叶片卵形、卵状披针形至披针形，边缘具细尖齿、锯齿或圆齿。花通常单朵顶生兼腋生，有时 3 朵组成聚伞花序，花冠白色或淡红色。浆果。花期 7~10 月。生于林中、灌丛中或路边。

长叶轮钟草生境

长叶轮钟草花冠白色或淡红色

长叶轮钟草的浆果

铜锤玉带草

- ◆ 学名：*Lobelia angulata*
- ◆ 科属：半边莲科半边莲属

识别要点及生境：

多年生草本，有白色乳汁。叶互生，叶片圆卵形、心形或卵形，边缘有牙齿。花冠紫红色、淡紫色、绿色或黄白色。果为浆果，紫红色，椭圆状球形。花果期几乎全年。生于路旁、杂草丛中或路边。

铜锤玉带草花紫红色

铜锤玉带草群落

半边莲

- ◆ 学名：*Lobelia chinensis*
- ◆ 科属：半边莲科半边莲属

识别要点及生境：

多年生草本。叶互生，无柄或近无柄，椭圆状披针形至条形，全缘或顶部有明显的锯齿。花通常1朵，花冠粉红色或白色，喉部以下生白色柔毛。蒴果。花果期5~10月。生于沟边、潮湿草地上或路边。

半边莲植株

半边莲花冠粉红色或白色

卵叶半边莲

◆ 学名: *Lobelia zeylanica*
◆ 科属: 半边莲科半边莲属

识别要点及生境：

多汁草本，茎平卧，四棱状，长达 60 cm。叶螺旋状排列，叶片三角状阔卵形或卵形，边缘锯齿状，顶端急尖或钝，基部截形、浅心形或宽楔形。花萼钟状，紫色、淡紫色或白色，二唇形。蒴果。花果期全年。生于山谷沟边等阴湿处。

卵叶半边莲群落　　　　　　　　卵叶半边莲花及蒴果

大花卵叶半边莲

◆ 学名: *Lobelia zeylanica* var. *zeylanica*
◆ 科属: 半边莲科半边莲属

识别要点及生境：

多汁草本，茎平卧，四棱状。叶片及花朵远比原种大，边缘锯齿状，顶端急尖或钝，基部截形、浅心形或宽楔形。花紫色、淡紫色，二唇形。蒴果。花果期全年。生于沟谷边等阴湿处。

大花卵叶半边莲生境　　　　　　大花卵叶半边莲的花及蒴果

厚壳树

◆ 学名：*Ehretia acuminata*
◆ 科属：紫草科厚壳树属

识别要点及生境：

　　落叶乔木，高达 15 m。叶椭圆形、倒卵形或长圆状倒卵形，边缘有整齐的锯齿。花冠白色，雄蕊伸出花冠外。核果黄色或橘黄色。花期 4~5 月，果期 7 月。生于疏林、山坡灌丛中。

厚壳树花小白色

厚壳树的核果

长花厚壳树

◆ 学名：*Ehretia longiflora*
◆ 科属：紫草科厚壳树属

识别要点及生境：

　　乔木，高 5~10 m。叶椭圆形、长圆形或长圆状倒披针形，全缘。聚伞花序生侧枝顶端，呈伞房状，花冠白色或淡粉色，筒状钟形。核果淡黄色或红色。花期 4 月，果期 6~7 月。生于山地路边及林中。

长花厚壳树伞房状花序

长花厚壳树的核果

单花红丝线

◆ 学名：*Lycianthes lysimachioides*
◆ 科属：茄科红丝线属

识别要点及生境：

多年生草本，茎纤细，从节上生出不定根。叶假双生，大小不相等或近相等，卵形、椭圆形至卵状披针形，叶有分散的单毛，边缘具较密的缘毛。花冠白色至浅黄色，星形。浆果红色。花期 6~8 月，果期秋季。生于林下或路旁。

单花红丝线叶片

单花红丝线花及浆果

红丝线

◆ 学名：*Lycianthes biflora*
◆ 科属：茄科红丝线属

识别要点及生境：

灌木或亚灌木，高 0.5~1.5 m。上部叶常假双生，大小不相等，大叶片椭圆状卵形，偏斜，小叶片宽卵形，全缘。花着生于叶腋内，花冠淡紫色或白色，星形。浆果球形，成熟果绯红色。花期 5~8 月，果期 7~11 月。生长于林下、路旁及山谷中。

红丝线枝叶

红丝线花及浆果

头花银背藤

◆ 学名：*Argyreia capitiformis*
◆ 科属：旋花科银背藤属

识别要点及生境：

攀援灌木，长 10~15 m。叶卵形至圆形，稀长圆状披针形，被开展的长硬毛。聚伞花序密集成头状，花冠漏斗形，淡红色至紫红色，外面被长硬毛。果球形。花果期 7~12 月。生于沟谷密林、疏林及灌丛中。

头花银背藤花冠漏斗形

头花银背藤果实被长硬毛

头花银背藤聚伞花序密集成头状

头花银背藤植株

山猪菜

◆ 学名：*Merremia umbellata* subsp. *orientalis*
◆ 科属：旋花科鱼黄草属

山猪菜的单叶

识别要点及生境：

　　缠绕或平卧草本。叶卵形、卵状长圆形或长圆状披针形。花冠白色，有时黄色或淡红色，漏斗状，瓣中带明显具5脉。蒴果圆锥状球形。花期秋季，果期秋冬。生于路旁、山谷疏林或杂草灌丛中。

山猪菜的蒴果

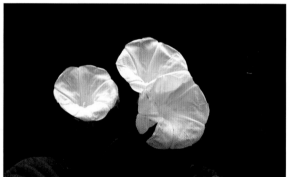
山猪菜花冠白色

山猪菜生境

毛麝香

◆ 学名：*Adenosma glutinosum*
◆ 科属：玄参科毛麝香属

识别要点及生境：

直立草本，高 30~100 cm。叶对生，上部的多少互生，叶片披针状卵形至宽卵形，边缘具不整齐的齿。花单生叶腋或在茎、枝顶端集成较密的总状花序，花冠紫红色或蓝紫色。蒴果卵形。花果期 7~10 月。生于坡地、林下或路边。

毛麝香花冠多为蓝紫色

毛麝香生境

岭南来江藤

◆ 学名：*Brandisia swinglei*
◆ 科属：玄参科来江藤属

识别要点及生境：

直立灌木或略蔓性，高达 2 m。叶片卵圆形，稀卵状长圆形，全缘或具不规则疏锯齿。花单生于叶腋，有时 2 枚同生，花冠黄绿色。蒴果小，扁圆形。花期 6~11 月，果期 12 月至翌年 1 月。生于疏林下、路边等处。

岭南来江藤花冠黄绿色

岭南来江藤枝叶

大叶石龙尾

◆ 学名：*Limnophila rugosa*
◆ 科属：玄参科石龙尾属

识别要点及生境：

多年生草本，高 10~50 cm。叶对生，叶片卵形、菱状卵形或椭圆形，边缘具圆齿。花无梗，通常聚集成头状，花冠紫红色或蓝色。蒴果卵珠形。花果期 8~11 月。生于沟边及溪边湿处。

大叶石龙尾花紫红色或蓝色

大叶石龙尾生境

白花泡桐

◆ 学名：*Paulownia fortunei*
◆ 科属：玄参科泡桐属

识别要点及生境：

落叶乔木，高达 30 m。叶对生，有时 3 片轮生，卵状心形，全缘或有时略呈波状。小聚伞花序具 3~8 花，花冠管状漏斗形，白色或浅紫色，内面有紫斑点。蒴果。花期 4~5 月，果期 8~10 月。生于山地、丘陵或溪边疏林内。

泡桐生境

泡桐的花序与叶片

台湾泡桐

◆ 学名: *Paulownia kawakamii*
◆ 科属: 玄参科泡桐属

识别要点及生境:

乔木, 高达 30 m。叶片长卵状心脏形, 有时为卵状心脏形, 新枝上的叶有时 2 裂。小聚伞花序有花 3~8 朵, 花冠管状漏斗形, 白色仅背面稍带紫色或浅紫色, 内部密布紫色细斑块。蒴果。花期 3~4 月, 果期 7~8 月。生于山坡、林中、山谷中。

台湾泡桐叶片长卵状心脏形

台湾泡桐圆锥花序状分枝

台湾泡桐花冠管状漏斗形

二花蝴蝶草

◆ 学名：*Torenia biniflora*
◆ 科属：玄参科蝴蝶草属

识别要点及生境：

　　一年生草本，茎长 17~50 cm。叶片卵形或狭卵形，边缘具粗齿。花序着生于中、下部叶腋，花通常 2 朵，罕为 4 朵，花冠黄色，稀白色而微带蓝。蒴果。花果期 7~10 月。生于林下或路旁阴湿处。

二花蝴蝶草花多为黄色，稀白色而微带蓝　　　　　　　　二花蝴蝶草植株

阿拉伯婆婆纳

◆ 学名：*Veronica persica*
◆ 科属：玄参科婆婆纳属

识别要点及生境：

　　铺散多分枝草本，高 10~50 cm。叶 2~4 对，卵形或圆形，边缘具钝齿。总状花序，花冠蓝色、紫色或蓝紫色。蒴果肾形。花期 3~5 月。少见，仅在保护区内路边偶见。

阿拉伯婆婆纳小花蓝色　　　　　　　　　　　　　　阿拉伯婆婆纳群落

野菰

◆ 学名：*Aeginetia indica*
◆ 科属：列当科野菰属

识别要点及生境：

一年生寄生草本，高 15~50 cm。叶肉红色，卵状披针形或披针形。花稍俯垂，花萼紫红色、黄色或黄白色，具紫红色条纹，花冠常与花萼同色，或有时下部白色，上部带紫色。蒴果。花期 4~8 月，果期 8~10 月。寄生于芒属和蔗草属等禾草类植物根上。

野菰的蒴果

野菰花朵稍俯垂

野菰生境

挖耳草

◆ 学名：*Utricularia bifida*
◆ 科属：狸藻科狸藻属

识别要点及生境：

陆生小草本。叶器生于匍匐枝上，于开花前凋萎或于花期宿存，狭线形或线状倒披针形。捕虫囊生于叶器及匍匐枝上，球形，侧扁。花冠黄色，距钻形。蒴果宽椭圆球形。花期 6~12 月，果期 7 月至翌年 1 月。生于路边、沼泽地及沟边湿地。

挖耳草花黄色

挖耳草生境

圆叶挖耳草

◆ 学名：*Utricularia striatula*
◆ 科属：狸藻科狸藻属

识别要点及生境：

陆生小草本。叶器多数，于花期宿存，簇生成莲座状和散生于匍匐枝上，倒卵形、圆形或肾形。捕虫囊散生于匍匐枝上，侧扁。花序直立，花冠白色、粉红色或淡紫色，喉部具黄斑。蒴果。花期 6~10 月，果期7~11 月。生于路边阴湿的石壁上。

圆叶挖耳草花冠白色或粉红等色

圆叶挖耳草的生境

光萼唇柱苣苔

◆ 学名: *Chirita anachoreta*
◆ 科属: 苦苣苔科唇柱苣苔属

识别要点及生境：

一年生草本，茎高 6~55 cm。叶对生；叶片薄草质，狭卵形或椭圆形，边缘有小牙齿。花序腋生，有 1~3 花，花冠白色或淡紫色。蒴果。花期 7~10 月。果期 10~12 月。生于山谷林中、石上或溪边。

光萼唇柱苣苔果期

光萼唇柱苣苔生境

光萼唇柱苣苔花序腋生，白色

蚂蝗七

- ◆ 学名：*Chirita fimbrisepala*
- ◆ 科属：苦苣苔科唇柱苣苔属

识别要点及生境：

多年生草本。叶均基生，叶片草质，两侧不对称，卵形、宽卵形或近圆形，边缘有小或粗牙齿。聚伞花序有1~5花，花冠淡紫色或紫色，在内面上唇紫斑处有2纵条毛，筒细漏斗状。蒴果。花期3~4月。生于山地林中石上、石崖上或山谷溪边。

蚂蝗七为聚伞花序

蚂蝗七花冠淡紫色或紫色

蚂蝗七生境

双片苣苔

◆ 学名：*Didymostigma obtusum*
◆ 科属：苦苣苔科双片苣苔属

识别要点及生境：

　　茎渐升或近直立，长 12~20 cm。叶片草质，卵形，边缘具钝锯齿。花序腋生，有 2~10 花，花冠淡紫色或白色，筒细漏斗形。蒴果。花期 6~10 月。生于山谷林中、溪边阴处或路边湿润处。

双片苣苔花冠淡紫色或白色

双片苣苔植株

双片苣苔生境

小花后蕊苣苔

- ◆ 学名：*Opithandra acaulis*
- ◆ 科属：苦苣苔科后蕊苣苔属

识别要点及生境：

多年生草本。叶均基生，纸质，卵形或狭卵形，边缘有小牙齿，上面密被淡褐色短毛。花序 1~3 条，每花序有 3~7 花，花冠粉红色，近筒状。蒴果。花期 4 月。生于山地阴处的土壁或石壁上。

小花后蕊苣苔生境

小花后蕊苣苔花冠粉红色

长瓣马铃苣苔

- ◆ 学名：*Oreocharis auricula*
- ◆ 科属：苦苣苔科马铃苣苔属

识别要点及生境：

多年生草本。叶全部基生，叶片长圆状椭圆形，边缘具钝齿至近全缘。聚伞花序，花冠细筒状，蓝紫色。蒴果。花期 6~7 月，果期 8 月。生于山谷、沟边及林下潮湿岩石上。

长瓣马铃苣苔花蓝紫色

长瓣马铃苣苔生境

白接骨

◆ **学名：** *Asystasia neesiana*
◆ **科属：** 爵床科十万错属

识别要点及生境：

　　草本，茎高达 1 m。叶卵形至椭圆状矩圆形，边缘微波状至具浅齿。总状花序或基部有分枝，顶生，花单生或对生，花冠淡紫红色或粉红色，漏斗状。蒴果。花期 8~11 月。生于林缘、林下、溪边或路旁。

白接骨花冠淡紫红色或粉红色

白接骨生境

假杜鹃

◆ **学名：** *Barleria cristata*
◆ **科属：** 爵床科假杜鹃属

识别要点及生境：

　　小灌木，高达 2 m。叶片纸质、椭圆形、长椭圆形或卵形，全缘。叶腋内通常着生 2 朵花，花冠蓝紫色或白色，二唇形。蒴果。花期 11~12 月。生于山坡、路旁或疏林下阴处。

假杜鹃花冠蓝紫色或白色

假杜鹃植株

水蓑衣

◆ 学名：*Hygrophila ringens*
◆ 科属：爵床科水蓑衣属

识别要点及生境：

草本，高 80 cm。叶近无柄，纸质，长椭圆形、披针形、线形。花簇生于叶腋，花冠淡紫色或粉红色，上唇卵状三角形，下唇长圆形。蒴果。花期秋季。生于溪沟边或洼地等潮湿处。

水蓑衣花簇生于叶腋

水蓑衣植株局部

叉序草

◆ 学名：*Isoglossa collina*
◆ 科属：爵床科叉序草属

识别要点及生境：

草本，茎高达 1 m。叶片卵形至卵状椭圆形，近全缘。花序顶生或腋生上部叶腋，花冠粉红色或白色，冠檐二唇形。蒴果。花期 9~11 月。生于林下、溪边阴湿地或路边。

叉序草花冠粉红色或白色

叉序草生境

纤穗爵床

◆ 学名：*Leptostachya wallichii*
◆ 科属：爵床科纤穗爵床属

识别要点及生境：

　　草本，高达约 1 m，近基部匍匐，不久上升。叶对生，卵形，镰刀状渐尖，具极疏波状圆齿。圆锥花序顶生，花冠白色，外面密被开展的毛，冠管短钟形。花期 9~10 月。生于疏林下、路边等处。

纤穗爵床圆锥花序

纤穗爵床叶片

纤穗爵床花冠白色

九头狮子草

◆ 学名：*Peristrophe japonica*
◆ 科属：爵床科观音草属

识别要点及生境：

草本，高20~50 cm。叶卵状矩圆形。花序顶生或腋生于上部叶腋，由2~10花组成聚伞花序，花冠粉红色至微紫色，二唇形，下唇3裂。蒴果。花期秋季。生于路边、草地或林下。

九头狮子草植株

九头狮子草花冠粉红色至微紫色

弯花叉柱花

◆ 学名：*Staurogyne chapaensis*
◆ 科属：爵床科叉柱花属

识别要点及生境：

草本，茎缩短。叶对生丛生，呈莲座状，叶片卵形，长卵形，长圆形至狭长圆形，上面绿色被稀疏多节长柔毛，边缘全缘或不明显波状。总状花序顶生成腋生，花冠淡蓝紫毛。蒴果。花期1~3月。生于林下、路边、土壁或覆土的石壁上。

弯花叉柱花花冠下弯

弯花叉柱花生境

曲枝马蓝

◆ 学名：*Strobilanthes dalzielii*
◆ 科属：爵床科马蓝属

识别要点及生境：

草本或灌木，茎直立，高达 1 m。叶卵形或卵状披针形，边缘疏锯齿。顶生花序和上部腋生穗状花序有 2~4 花，花冠管下部圆柱形，蓝色。蒴果。花期 10~11 月。生于林下、林缘或路边。

曲枝马蓝的穗状花序

曲枝马蓝叶片

球花马蓝

◆ 学名：*Strobilanthes dimorphotricha*
◆ 科属：爵床科马蓝属

识别要点及生境：

草本，高 40~150 cm。叶片椭圆形、椭圆状披针形、卵形、椭圆形或长圆状椭圆形，边缘有细锯齿。花序腋生或顶生，2~3 花，花冠紫色，花冠管稍弯曲。蒴果。花期 9 月至翌年 2 月。生于溪边、灌丛中或路边。

球花马蓝生境

球花马蓝花序腋生或顶生

山牵牛

◆ 学名：*Thunbergia grandiflora*
◆ 科属：爵床科山牵牛属

识别要点及生境：

　　草质或木质藤本。叶片卵形、宽卵形至心形，边缘具宽三角形裂片。花在叶腋单生或成顶生总状花序，冠檐蓝紫色。蒴果，具喙。花果期秋季。生于山中低矮林地、路边或灌丛中。

山牵牛的具喙蒴果

山牵牛花蓝紫色

山牵牛的叶片

杜虹花

◆ 学名：*Callicarpa formosana*
◆ 科属：马鞭草科紫珠属

识别要点及生境：

灌木，高 1~3 m。叶片卵状椭圆形或椭圆形，边缘有细锯齿。聚伞花序通常 4~5 次分歧，花冠紫色或淡紫色。果实近球形，紫色。花期 5~7 月，果期 8~11 月。生于山坡、林中或灌丛中。

杜虹花的果枝

杜虹花的聚伞花序

杜虹花生境

全缘叶紫珠

◆ 学名：*Callicarpa integerrima*
◆ 科属：马鞭草科紫珠属

识别要点及生境：

藤本或蔓性灌木。叶片宽卵形、卵形或椭圆形，全缘。聚伞花序，花冠紫色。果实近球形，紫色，初被星状毛。花期6~7月，果期8~11月。生于山坡、谷地林中或路边。

全缘叶紫珠聚伞花序

全缘叶紫珠花枝

枇杷叶紫珠

◆ 学名：*Callicarpa kochiana*
◆ 科属：马鞭草科紫珠属

识别要点及生境：

灌木，高1~4 m，小枝、叶柄与花序密生黄褐色分枝茸毛。叶片长椭圆形、卵状椭圆形或长椭圆状披针形，边缘有锯齿。聚伞花序，花冠淡红色或紫红色。果实圆球形。花期7~8月，果期9~12月。生于山坡、灌丛中或路边。

枇杷叶紫珠植株局部

枇杷叶紫珠的花序与果实

钝齿红紫珠

◆ 学名：*Callicarpa rubella* f. *crenata*
◆ 科属：马鞭草科紫珠属

识别要点及生境：

　　灌木，高约 2 m。叶片倒卵形或倒卵状椭圆形，较原变种小、小枝、叶片和花序无星状花。聚伞花序，花冠紫红色、黄绿色或白色。果实紫红色。花期 5~7 月，果期 7~11 月。生于山坡、林中或灌丛中。

钝齿红紫珠的果实

钝齿红紫珠的花序

钝齿红紫珠生境

白花灯笼（鬼灯笼）

♦ 学名：*Clerodendrum fortunatum*
♦ 科属：马鞭草科大青属

识别要点及生境：

灌木，高可达 2.5 m。叶纸质，长椭圆形或倒卵状披针形，少为卵状椭圆形，全缘或波状。聚伞花序腋生，具花 3~9 朵，花萼红紫色，花冠淡红色或白色稍带紫色。花果期 6~11 月。生于林下、灌丛中或路边。

白花灯笼花萼红紫色，花冠淡红或白色

白花灯笼果期

广东大青

♦ 学名：*Clerodendrum kwangtungense*
♦ 科属：马鞭草科大青属

识别要点及生境：

灌木，高 2~3 m。叶片膜质，卵形或长圆形，全缘、有不规则的锯齿或微波状。伞房状聚伞花序生于枝顶叶腋，花冠白色，花丝细长，花药红色。核果。花果期 8~11 月。生于林中或林缘。

广东大青的聚伞花序

广东大青果期

金疮小草

◆ 学名：*Ajuga decumbens*
◆ 科属：唇形科筋骨草属

识别要点及生境：

　　一或二年生草本，平卧或上升，茎长 10~20 cm，被白色长柔毛或绵状长柔毛。叶片薄纸质，匙形或倒卵状披针形，边缘具不整齐的波状圆齿或几全缘。轮伞花序，淡蓝色或淡红紫色，稀白色。坚果。花期 3~7 月，果期 5~11 月。生于溪边、路旁及草坡上。

金疮小草花淡蓝色或淡红紫色　　　　　　　　　　　　金疮小草生境

紫背金盘

◆ 学名：*Ajuga nipponensis*
◆ 科属：唇形科筋骨草属

识别要点及生境：

　　一或二年生草本，高 10~20 cm 或以上。叶片纸质，阔椭圆形或卵状椭圆形，边缘具不整齐的波状圆齿，有时几呈圆齿。轮伞花序多花，花冠淡蓝色或蓝紫色，稀为白色或白绿色。坚果。花期 4~6 月，果期 5~7 月。生于林缘、路边或林下。

紫背金盘花多为淡蓝色或蓝紫色　　　　　　　　　　紫背金盘盛花期

水虎尾

◆ 学名：*Dysophylla stellata*
◆ 科属：唇形科水蜡烛属

识别要点及生境：

一年生直立草本，茎高 15~40 cm。叶 4~8 枚轮生，线形，边缘具疏齿或几无齿。穗状花序，花冠紫红色，冠檐 4 裂。坚果。花果期全年。生于水边或湿地。

水虎尾的穗状花序

水虎尾植株

紫花香薷

◆ 学名：*Elsholtzia argyi*
◆ 科属：唇形科香薷属

识别要点及生境：

草本，高 0.5~1 m。叶卵形至阔卵形，边缘在基部以上具圆齿或圆齿状锯齿。穗状花序，花冠玫瑰红紫色，外面被白色柔毛，冠檐二唇形。坚果。花果期 9~11 月。生于灌丛中、林下或路边。

紫花香薷穗状花序偏向一侧

紫花香薷群落

中华锥花

◆ 学名：*Gomphostemma chinense*
◆ 科属：唇形科锥花属

识别要点及生境：

草本，茎直立，高 24~80 cm。叶椭圆形或卵状椭圆形，边缘具大小不等的粗齿或几全缘。聚伞花序，具 4 至多花，花冠浅黄色至白色，冠檐二唇形。坚果。花期 7~8 月，果熟期 10~12 月。生于林下、路边的湿润之处。

中华锥花花朵贴地而生

中华锥花花冠浅黄色至白色

中华锥花生境

217

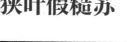

狭叶假糙苏

◆ 学名：*Paraphlomis javanica* var. *angustifolia*
◆ 科属：唇形科假糙苏属

识别要点及生境：

　　草本，茎单生，通常高约 50 cm，有时高达 1.5 m。叶卵圆状披针形直至狭长披针形，具极不显著的细圆齿。轮伞花序多花，花冠通常黄或淡黄，亦有近于白色的，冠檐二唇形。坚果。花期 6~8 月，果期 8~12 月。生于林下或路边。

狭叶假糙苏生境

狭叶假糙苏的花朵及果实

水珍珠菜

◆ 学名：*Pogostemon auricularius*
◆ 科属：唇形科刺蕊草属

识别要点及生境：

　　一年生草本，茎高 0.4~2 m。叶长圆形或卵状长圆形，边缘具整齐的锯齿。穗状花序，花冠淡紫至白色。小坚果近球形。花果期 4~11 月。生于疏林下湿润处或溪边近水潮湿处。

水珍珠菜生境

水珍珠菜的穗状花序

韩信草

◆ 学名：*Scutellaria indica*
◆ 科属：唇形科黄芩属

识别要点及生境：

　　多年生草本，茎高 12~28 cm。叶草质至近坚纸质，心状卵圆形或圆状卵圆形至椭圆形，边缘密生整齐圆齿。花对生，花冠蓝紫色，冠檐二唇形。成熟小坚果栗色或暗褐色。花果期 2~6 月。生于林下、路边或林缘等处。

韩信草花冠蓝紫色

韩信草群落

偏花黄芩

◆ 学名：*Scutellaria tayloriana*
◆ 科属：唇形科黄芩属

偏花黄芩花序的正面及侧面照

偏花黄芩植株

识别要点及生境：

　　多年生草本。茎直立或上升，有时具匍匐根茎。叶通常仅有 3~4 对，初时如莲座状排列，以后节间伸长呈交互对生，坚纸质，椭圆形或宽卵状椭圆形。总状花序，花冠淡紫至紫蓝色。坚果。花期 3~5 月。生于林下灌丛中或旷地上。

铁轴草

- ◆ 学名：*Teucrium quadrifarium*
- ◆ 科属：唇形科香科科属

识别要点及生境：

半灌木，高 30~110 cm。叶片卵圆形或长圆状卵圆形，边缘为有重齿的细锯齿或圆齿，上面被平贴的短柔毛。假穗状花序，花冠淡红色。坚果。花期 7~9 月。生于山顶林下、灌丛中或路边。

铁轴草植株

铁轴草花冠淡红色

聚花草

- ◆ 学名：*Floscopa scandens*
- ◆ 科属：鸭跖草科聚花草属

识别要点及生境：

草本，茎高 20~70 cm，不分枝。圆锥花序多个，顶生并兼有腋生，组成复圆锥花序，花瓣蓝色或紫色，少白色。蒴果。花果期 7~11 月。生于水边、山沟边或湿润的林中及路边。

聚花草群落

聚花草的圆锥花序

杜若

◆ 学名：*Pollia japonica*
◆ 科属：鸭跖草科杜若属

识别要点及生境：

多年生草本，高 30~80 cm。叶片长椭圆形。蝎尾状聚伞花序常多个成轮排列，花瓣白色，倒卵状匙形。果球状，果皮黑色。花期 7~9 月。果期 9~10 月。生于林下、杂草丛中或路边。

杜若小花白色

杜若果实球形，黑色

杜若生境

花叶山姜

◆ 学名: *Alpinia pumila*
◆ 科属: 姜科山姜属

识别要点及生境:

　　多年生草本，无地上茎，根茎平卧、叶片椭圆形、长圆形或长圆状披针形，叶脉处颜色较深，余较浅。总状花序，花冠白色，唇瓣卵形，白色，有红色脉纹。果球形。花期 4~6 月，果期 6~11 月。生于阴湿的林下及路边。

花叶山姜花序总状

花叶山姜群落

山姜

◆ 学名: *Alpinia japonica*
◆ 科属: 姜科山姜属

识别要点及生境:

　　多年生草本，株高 35~70 cm。叶片通常 2~5 片，披针形、倒披针形或狭长椭圆形。总状花序顶生，花通常 2 朵聚生，唇瓣白色而具红色脉纹，顶端 2 裂。果球形或椭圆形，熟时橙红色。花期 4~8 月，果期 7~12 月。生于林下阴湿处。

山姜的总状花序及果实

山姜生境

黄花大苞姜

◆ 学名：*Caulokaempferia coenobialis*
◆ 科属：姜科大苞姜属

识别要点及生境：

　　细弱、丛生草本，茎高 15~30 cm。叶片披针形，顶端长尾状渐尖。花序顶生，苞片 2~3 枚，内有花 1~2 朵，花冠黄色。果卵状长圆形。花期 4~7 月，果期 8 月。生于山地阴湿的土壁上或石壁上。

黄花大苞姜花冠黄色

黄花大苞姜植株

黄花大苞姜生境

郁金

◆ 学名：*Curcuma aromatica*
◆ 科属：姜科姜黄属

识别要点及生境：

株高约1m。叶基生，叶片长圆形。穗状花序，有花的苞片淡绿色，上部无花的苞片白色而染淡红。花冠管漏斗形，白色而带粉红，唇瓣黄色。花期4~6月。生于林下。

郁金的花冠唇瓣黄色

郁金的穗状花序

郁金的生境

舞花姜

◆ 学名：*Globba racemosa*
◆ 科属：姜科舞花姜属

识别要点及生境：

　　草本，株高 0.6~1 m。叶片长圆形或卵状披针形，顶端尾尖，基部急尖。圆锥花序顶生，花黄色，各部均具橙色腺点，花萼管漏斗形，花冠裂片反折。蒴果。花期 6~9 月，果期秋季。生于林下阴湿处。

舞花姜黄色小花及蒴果

舞花姜圆锥花序

舞花姜叶片

阳荷

◆ 学名：*Zingiber striolatum*
◆ 科属：姜科姜属

识别要点及生境：

草本，株高 1~1.5 m。叶片披针形或椭圆状披针形。总花梗被 2~3 枚鳞片，苞片红色，花冠管白色，裂片白色或稍带黄色，有紫褐色条纹，唇瓣倒卵形，浅紫色。蒴果。花期 7~9 月，果期 9~11 月。生于林荫下、溪边或山石边。

阳荷的花

阳荷的蒴果

阳荷生境

南昆山蜘蛛抱蛋

◆ 学名：*Aspidistra nankunshanensis*
◆ 科属：百合科蜘蛛抱蛋属

识别要点及生境：

　　草本。根状茎匍匐。叶单生，椭圆状披针形至披针形，绿色，边全缘。花序直立或斜伸。花单生，花被片钟形，外面紫色，内面黄色。果近球形。花期 4~6 月。生于疏林下或灌丛下。

南昆山蜘蛛抱蛋花朵与果实

南昆山蜘蛛抱蛋生境

中国白丝草

◆ 学名：*Chionographis chinensis*
◆ 科属：百合科白丝草属

识别要点及生境：

　　多年生草本。叶椭圆形至矩圆状披针形，边缘皱波状。穗状花序，近轴的 3~4 枚花被片匙状狭条形至近丝状，至淡黄色，其余 2~3 枚很短或不存在，雄蕊白色。蒴果。花期 4~5 月，果期 6 月。生于山坡或路旁的荫蔽处或潮湿处。

中国白丝草的生境

中国白丝草的穗状花序及蒴果

竹根七

◆ 学名：*Disporopsis fuscopicta*
◆ 科属：百合科竹根七属

识别要点及生境：

草本，茎高 25~50 cm。叶纸质，卵形、椭圆形或矩圆状披针形。花 1~2 朵生于叶腋，白色，内带紫色，稍俯垂，花被钟形。浆果近球形。花期 4~5 月，果期 11 月。生于林下或山谷中。

竹根七浆果近球形

竹根七花生于叶腋

南投万寿竹

◆ 学名：*Disporum nantouense*
◆ 科属：百合科万寿竹属

识别要点及生境：

草本，具匍匐茎，高 15~60 cm。叶片披针形至卵状，基部圆形，先端渐尖。花序顶生，1~3 花，花管状，花被片白色，先端紫色。浆果。花期 4~5 月。生于山顶疏林下。

南投万寿竹生境

南投万寿竹花被片白色，先端紫色

横脉万寿竹

◆ 学名：*Disporum trabeculatum*
◆ 科属：百合科万寿竹属

识别要点及生境：

　　多年生草本，株高 20~80 cm。叶互生，近革质，卵状披针形或椭圆形。伞形花序有花 2~5 朵，花白色、白带紫色或黄白色。浆果球形，熟时黑色。花期 3~4 月，果期 6~12 月。生于林下或灌丛中。

横脉万寿竹伞形花序　　　　　　　　　　横脉万寿竹的浆果

横脉万寿竹植株

萱草

◆ 学名：*Hemerocallis fulva*
◆ 科属：百合科萱草属

识别要点及生境：

草本。根近肉质，中下部有纺锤状膨大。叶基生，宽线形。蝎尾状聚伞花序有花 6~12 朵，花橘红色至橘黄色，内花被裂片下部一般有"Λ"形彩斑。蒴果。花期夏秋。生于溪边、湿润的草地中。

萱草花橘红色至橘黄色

萱草生境

野百合

◆ 学名：*Lilium brownii*
◆ 科属：百合科百合属

野百合的喇叭状花朵及蒴果

野百合生境

识别要点及生境：

草本，鳞茎球形，茎高 0.7~2 m。叶散生，通常自下向上渐小，披针形、窄披针形至条形，全缘。花单生或几朵排成近伞形，花喇叭形，有香气，乳白色，外面稍带紫色，无斑点。蒴果。花期 5~6 月，果期 9~10 月。生于山坡的灌木、路边、溪旁或石缝中。

短药沿阶草

◆ 学名：*Ophiopogon angustifoliatus*
◆ 科属：百合科沿阶草属

识别要点及生境：

多年生草本，具地下走茎。叶丛生，多少呈剑形，边缘具细齿。总状花序具几朵至十几朵花，常单生于苞片腋内，花柱细长，明显超出花被，花被片先端常向外卷，淡紫色。花期4~6月，果期7~9月。生于溪边、岩缝或路边。为广东新分布种。

短药沿阶草小花正面图

短药沿阶草花序

短药沿阶草花朵剖面图

短药沿阶草生境

大盖球子草

◆ 学名: *Peliosanthes macrostegia*
◆ 科属: 百合科球子草属

识别要点及生境：

　　草本，茎短，长约 1 cm。叶 2~5 枚，披针状狭椭圆形。总状花序，花紫色，花被筒短。种子近圆形，种皮肉质，蓝绿色。花期 4~6 月，果期7~9 月。生于灌木丛中和林下。

大盖球子草花被筒部分与子房合生　　　　　大盖球子草种皮成熟后蓝色　　　　　大盖球子草的总状花序

大盖球子草生境

油点草

◆ 学名：*Tricyrtis macropoda*
◆ 科属：百合科油点草属

识别要点及生境：

草本，植株高可达1 m。叶卵状椭圆形、矩圆形至矩圆状披针形，边缘具短糙毛。二歧聚伞花序，花疏散，花被片绿白色或白色，内面具多数紫红色斑点，开放后自中下部向下反折。蒴果。花果期6~10月。生于山地林下、草丛中或岩石缝隙中。

油点草花被片具紫红色斑点　　　　　　油点草生境

牯岭藜芦

◆ 学名：*Veratrum schindleri*
◆ 科属：百合科藜芦属

识别要点及生境：

植株高约1 m。叶在茎下部的宽椭圆形，有时狭矩圆形，两面无毛，先端渐尖。圆锥花序扩展具多数近等长的侧生总状花序，花被片淡黄绿色、绿白色或褐色。蒴果。花果期6~10月。生山坡林下阴湿处。

牯岭藜芦的总状花序及蒴果　　　　　　　　牯岭藜芦藜芦生境

华重楼

◆ 学名：*Paris polyphylla* var. *chinensis*
◆ 科属：延龄草科重楼属

识别要点及生境：

　　草本。叶 5~8 枚轮生，通常 7 枚，倒卵状披针形、矩圆状披针形或倒披针形。内轮花被片狭条形，通常中部以上变宽。蒴果。花期 5~7 月。果期 8~10 月。生于林下荫处或沟谷边的草丛中。

华重楼生境

华重楼花序

华重楼盛花期

弯梗菝葜

◆ 学名: *Smilax aberrans*
◆ 科属: 百合科菝葜属

识别要点及生境:

攀援灌木或半灌木。茎长 0.5~2 m。叶薄纸质,椭圆形或卵状椭圆形,下面苍白色。伞形花序,雄花绿黄色或淡紫色,雌花淡紫色,内外花被片相似。浆果,果梗下弯。花期 3~4 月,果期 12 月。生于林中、灌丛下或山谷、溪旁荫蔽处。

弯梗菝葜的雌花

弯梗菝葜的浆果

弯梗菝葜的雄花

弯梗菝葜叶的正面与背面

滴水珠

◆ 学名：*Pinellia cordata*
◆ 科属：天南星科半夏属

识别要点及生境：

　　草本。叶 1，常紫色或绿色具紫斑。幼株叶片心状长圆形，多年生植株叶片心形、心状三角形、心状长圆形或心状戟形。佛焰苞绿色，淡黄带紫色或青紫色，肉穗花序。花期 3~6 月，果 8~9 月成熟。生于林下溪旁、岩石边、岩隙中或岩壁上。

滴水珠佛焰苞多为绿色

滴水珠植株

滴水珠岩壁生境

石柑子

◆ 学名：*Pothos chinensis*
◆ 科属：天南星科石柑属

识别要点及生境：

　　附生藤本，长 0.4~6 m。叶片纸质，深绿色，椭圆形、披针状卵形至披针状长圆形。花序腋生，佛焰苞卵状，绿色，肉穗花序短，淡绿色、淡黄色。浆果黄绿色至红色。花果期四季。生于阴湿林中或路边。

石柑子的肉穗花序及浆果

攀于大树上的石柑子

犁头尖

◆ 学名：*Typhonium blumei*
◆ 科属：天南星科犁头尖属

识别要点及生境：

　　草本。幼株叶 1~2 枚，叶片深心形、卵状心形至戟形，多年生植株有叶 4~8 枚，戟状三角形。佛焰苞管部绿色，檐部紫色，卷成长角状，肉穗花序。花期 5~7 月。生于草地或石隙中。

犁头尖佛焰苞卷成长角状

犁头尖生境

石蒜

◆ 学名：*Lycoris radiata*
◆ 科属：石蒜科石蒜属

识别要点及生境：

　　草本，鳞茎近球形。秋季出叶，叶狭带状，中间有粉绿色带。伞形花序有花 4~7 朵，花鲜红色，花被裂片狭倒披针形，强度皱缩和反卷。花期 8~9 月，果期 10 月。生于溪沟边或路边的杂草丛中。

石蒜生境

石蒜花被裂片皱缩和反卷

石蒜的伞形花序

大叶仙茅

◆ 学名：*Curculigo capitulata*
◆ 科属：仙茅科仙茅属

识别要点及生境：

　　粗壮草本，高达 1 m。叶通常 4~7 枚，长圆状披针形或近长圆形，纸质，全缘。花茎短，总状花序强烈缩短成头状，球形或近卵形，俯垂，花黄色。浆果近球形，白色。花期 5~6 月，果期 8~9 月。生于林下或阴湿处。

大叶仙茅的总状花序及浆果

大叶仙茅生境

仙茅

◆ 学名：*Curculigo orchioides*
◆ 科属：仙茅科仙茅属

识别要点及生境：

　　草本。叶线形、线状披针形或披针形，大小变化甚大。总状花序多少呈伞房状，通常具 4~6 朵花，花黄色。浆果近纺锤状。花果期 4~9 月。生于林中、草地或荒坡上。

仙茅花小，黄色

仙茅生境

头花水玉簪

◆ 学名：*Burmannia championii*
◆ 科属：水玉簪科水玉簪属

识别要点及生境：

　　一年生腐生草本；根茎块状。茎直立，高 6~8 cm，纤细，白色。基生叶无，茎生叶退化呈鳞片状，披针形。苞片披针形，花近无柄，通常 2~7 朵簇生于茎顶呈头状，罕为二歧蝎尾状聚伞花序，白色。蒴果。花期 7 月。生于潮湿的林中。

头花水玉簪的生境

头花水玉簪花朵特写

纤草

◆ 学名：*Burmannia itoana*
◆ 科属：水玉簪科水玉簪属

识别要点及生境：

　　一年生腐生草本，茎高 5~15 cm，不分枝或顶部有 1~3 分枝，蓝紫色而无叶绿素。无基生叶，茎生叶退化呈鳞片状。花 1~2 朵顶生，翅蓝紫色。蒴果。花期秋季。生于林下。

纤草植株

纤草生境

纤草花蓝紫色

竹叶兰

◆ 学名：*Arundina graminifolia*
◆ 科属：兰科竹叶兰属

识别要点及生境：

草本，茎细竹秆状，植株高 40~80 cm，有时可达 1 m 以上。叶线状披针形，薄革质或坚纸质。花序总状或成圆锥状，具 2~10 朵花，花粉红色或略带紫色或白色。蒴果。花果期主要为 9~11 月，但 1~4 月也有。生于草坡、溪谷旁、灌丛下或林中。

竹叶兰花粉红色或略带紫色或白色

竹叶兰的花序

竹叶兰生境

密花石豆兰

- ◆ 学名: *Bulbophyllum odoratissimum*
- ◆ 科属: 兰科石豆兰属

识别要点及生境：

草本。假鳞茎近圆柱形，直立，顶生 1 枚叶，叶革质，长圆形。总状花序缩短呈伞状，密生 10 余朵花，花瓣质地较薄，白色，近卵形或椭圆形。蒴果。花期 4~8 月。生于林中树干上或山谷岩石上。

密花石豆兰的伞状花序

密花石豆兰生境

褐花羊耳蒜

- ◆ 学名: *Liparis brunnea*
- ◆ 科属: 兰科羊耳蒜属

识别要点及生境：

附生草本，假鳞茎小。叶小，1~2 枚，卵形、椭圆形到近圆形。花序短，多为 1~3 花，花紫褐色，萼片及花瓣线形，唇瓣大，先端微凹，反卷。花期 3~4 月。本种极少见，附生于湿润的长有苔藓的岩石上。

褐花羊耳蒜植株与果实

褐花羊耳蒜的生境

钩距虾脊兰

◆ 学名：*Calanthe graciliflora*
◆ 科属：兰科虾脊兰属

识别要点及生境：

　　地生草本。假鳞茎短，近卵球形。叶椭圆形或椭圆状披针形。总状花序，花张开，萼片和花瓣在背面褐色，内面淡黄色，唇瓣浅白色，3裂。蒴果。花期3~5月。生于山谷溪边、林下阴湿处。

钩距虾脊兰的花瓣及萼片淡黄色

钩距虾脊兰的生境

乐昌虾脊兰

◆ 学名：*Calanthe lechangensis*
◆ 科属：兰科虾脊兰属

识别要点及生境：

　　地生草本，假鳞茎粗短，圆锥形。叶在花期尚未展开，宽椭圆形，边缘稍波状。花葶从叶腋发出，总状花序具多花，花浅红色至白色。蒴果。花期3~4月。生于疏林下、沟溪边等处。

乐昌虾脊兰的总状花序及生境

乐昌虾脊兰花浅红色至白色

流苏贝母兰

◆ 学名：*Coelogyne fimbriata*
◆ 科属：兰科贝母兰属

识别要点及生境：

附生草本，根状茎较细长，匍匐。假鳞茎顶端生 2 枚叶。叶长圆形或长圆状披针形，纸质。花葶从已长成的假鳞茎顶端发出，花淡黄色或近白色，仅唇瓣上有红色斑纹，中裂片边缘具流苏。蒴果。花期 8~10 月，果期翌年 4~8 月。生于岩石上或林中、林缘树干上。

流苏贝母兰生境

流苏贝母兰的假鳞茎

流苏贝母兰的花多为淡黄色

美花石斛

◆ 学名: *Dendrobium loddigesii*
◆ 科属: 兰科石斛属

识别要点及生境:

　　附生草本，茎柔弱，常下垂。叶纸质，二列，互生于整个茎上，长圆状披针形或稍斜长圆形。花白色或紫红色，唇瓣上面中央金黄色，周边淡紫红色。蒴果。花期4~5月。生于山地林中树干上或林下岩石上。

美花石斛植株

美花石斛花多为紫红色

美花石斛群落

钳唇兰

◆ 学名：*Erythrodes blumei*
◆ 科属：兰科钳唇兰属

识别要点及生境：

地生草本，植株高 18~60 cm。叶片卵形、椭圆形或卵状披针形，有时稍歪斜。总状花序顶生，具多数密生的花，花较小，花瓣带红褐色或褐绿色。蒴果。花期 4~5 月。生于林下阴处或路边。

钳唇兰的花淡黄色

钳唇兰的叶片

多叶斑叶兰

◆ 学名：*Goodyera foliosa*
◆ 科属：兰科斑叶兰属

多叶斑叶兰的花序

多叶斑叶兰生境

识别要点及生境：

地生草本，植株高 15~25 cm。叶疏生于茎上或集生于茎的上半部，叶片卵形至长圆形，偏斜。花茎直立，总状花序，花中等大，白带粉红色、白带淡绿色或近白色。蒴果。花期 7~10 月。生于林下、沟谷阴湿处或覆土岩石上。

细裂玉凤兰

◆ 学名：*Habenaria leptoloba*
◆ 科属：兰科玉凤花属

识别要点及生境：

地生草本，植株高 15~31 cm。叶片披针形或线形，基部收狭并抱茎。总状花序具 8~12 朵花，花小，萼片淡绿色，中萼片与花瓣靠合呈兜状，花瓣带白绿色，唇瓣黄色，距细圆筒状。花期 8~9 月。生于林下或覆土的岩石上。

细裂玉凤兰的总状花序

细裂玉凤兰小花白绿色

细裂玉凤兰生境

橙黄玉凤花

◆ 学名: *Habenaria rhodocheila*
◆ 科属: 兰科玉凤花属

识别要点及生境：

　　地生或半附生草本，植株高 8~35 cm。叶片线状披针形至近长圆形，基部抱茎。总状花序具 2~10 余朵疏生的花，花中等大，萼片和花瓣绿色，唇瓣橙黄色、橙红色或红色。蒴果纺锤形。花期 7~8 月。果期 10~11 月。生于山坡、沟谷林下荫处地上或覆土岩石上。

橙黄玉凤花唇瓣大，橙黄或橙红色

橙黄玉凤花植株

橙黄玉凤花生境

镰翅羊耳蒜

◆ 学名：*Liparis bootanensis*
◆ 科属：兰科羊耳蒜属

识别要点及生境：

　　附生草本，植株高 8~35 cm。叶片线状披针形至近长圆形，基部抱茎。总状花序具 2~10 余朵疏生的花，花中等大，萼片和花瓣绿色，唇瓣橙黄色、橙红色或红色。蒴果纺锤形。花期 7~8 月，果期 10~11 月。生于山坡或沟谷阴处岩石上。

镰翅羊耳蒜花小，黄绿色

镰翅羊耳蒜生境

阔叶沼兰

◆ 学名：*Malaxis latifolia*
◆ 科属：兰科沼兰属

阔叶沼兰生境

阔叶沼兰花多为紫红色

识别要点及生境：

　　地生或半附生草本。叶通常 4~5 枚，斜卵状椭圆形、卵形或狭椭圆状披针形，抱茎。花葶直立，总状花序具数十朵或更多的花，花紫红色至绿黄色，密集，较小。蒴果。花期 5~8 月，果期 8~12 月。生于林下、灌丛中或溪谷旁荫蔽处的岩石上。

黄花鹤顶兰

◆ 学名：*Phaius flavus*
◆ 科属：兰科鹤顶兰属

识别要点及生境：

地生草本，假鳞茎卵状圆锥形。叶 4~6 枚，通常具黄色斑块，长椭圆形或椭圆状披针形。总状花序具数朵至 20 朵花，花柠檬黄色，距白色。蒴果。花期 4~10 月。生于山坡林下阴湿处。

黄花鹤顶兰花柠檬黄色

黄花鹤顶兰果实

黄花鹤顶兰生境

鹤顶兰

◆ 学名：*Phaius tancarvilleae*
◆ 科属：兰科鹤顶兰属

识别要点及生境：

　　地生草本，植物体高大。叶 2~6 枚，互生于假鳞茎的上部，长圆状披针形。花葶从假鳞茎基部或叶腋发出，直立，总状花序具多数花，花大，背面白色，内面暗赭色或棕色。蒴果。花期 3~6 月。生于林缘、林下、沟谷或溪边阴湿处。

鹤顶兰植株

鹤顶兰生境

鹤顶兰花大型，为总状花序

石仙桃

◆ **学名：** *Pholidota chinensis*
◆ **科属：** 兰科石仙桃属

识别要点及生境：

　　附生草本。假鳞茎狭卵状长圆形。叶 2 枚，生于假鳞茎顶端，倒卵状椭圆形、倒披针状椭圆形至近长圆形。总状花序常多少外弯，具数朵至 20 余朵花，花白色或带浅黄色。蒴果。花期 4~5 月，果期 9 月至翌年 1 月。生于林中树上、岩壁上或岩石上。

附生于石上的石仙桃　　　　　　　　石仙桃的总状花序科蒴果

小舌唇兰

◆ **学名：** *Platanthera minor*
◆ **科属：** 兰科舌唇兰属

识别要点及生境：

　　地生草本，植株高 20~60 cm。叶互生，最下面的 1 枚最大，叶片椭圆形、卵状椭圆形或长圆状披针形。总状花序具多数疏生的花，花黄绿色，距细圆筒状，下垂。蒴果。花期 5~7 月。生于山坡林下、杂草丛中或路边。

小舌唇兰生境　　　　　　　　　小舌唇兰的花黄绿色

香港绥草

◆ 学名：*Spiranthes hongkongensis*
◆ 科属：兰科绥草属

识别要点及生境：

地生草本，株高 11~44 cm。叶线形至倒披针形。花序直立，花序具多数密生的花，花小，白色，有时淡粉红色，萼片及花梗具柔毛。蒴果。花期 3~4 月。生于干燥的山坡或草地上。

香港绥草的花序　　　　　　　香港绥草生境

绥草

◆ 学名：*Spiranthes sinensis*
◆ 科属：兰科绥草属

识别要点及生境：

地生草本，植株高 13~30 cm。叶片宽线形或宽线状披针形，极罕为狭长圆形。花茎直立，总状花序具多数密生的花，呈螺旋状扭转，花小，紫红色、粉红色，萼片及花梗无毛。蒴果。花期 4~6 月。生于草地上。

绥草总状花序具多数花，扭转　　　绥草的生境

独蒜兰

◆ 学名：*Pleione bulbocodioides*
◆ 科属：兰科独蒜兰属

识别要点及生境：

　　附生草本或半附生草本。假鳞茎卵形至卵状圆锥形，顶端具1枚叶。叶在花期尚幼嫩，长成后狭椭圆状披针形或近倒披针形，纸质。花葶具1~2花，花粉红色至淡紫色，唇瓣上有深色斑。蒴果。花期4~6月。生于苔藓覆盖的岩石上。

独蒜兰植株　　　　　　　　　　　独蒜兰花粉红色至淡紫色

独蒜兰生境

苞舌兰

◆ 学名：*Spathoglottis pubescens*
◆ 科属：兰科苞舌兰属

识别要点及生境：

地生或半附生草本，假鳞茎扁球形，顶生 1~3 枚叶。叶带状或狭披针形。花葶纤细或粗壮，总状花序疏生 2~8 朵花，花黄色。蒴果。花期 7~10 月。生于草丛中、疏林下或覆土的岩石上。

苞舌兰花朵黄色

苞舌兰总状花序

苞舌兰生境

带唇兰

◆ 学名：*Tainia dunnii*
◆ 科属：兰科带唇兰属

识别要点及生境：

地生草本，假鳞茎暗紫色，圆柱形，顶生 1 枚叶。叶狭长圆形或椭圆状披针形。花葶直立，纤细，总状花序疏生多数花，花黄褐色或棕紫色。蒴果。花期通常 3~4 月。生于常绿阔叶林下、山间溪边或路边土壁上。

带唇兰生境

带唇兰花黄褐色或棕紫色

宽叶线柱兰

◆ 学名：*Zeuxine affinis*
◆ 科属：兰科线柱兰属

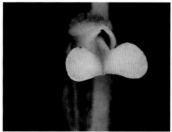

识别要点及生境：

地生草本，植株高 13~30 cm。叶片卵形、卵状披针形或椭圆形，花开放时常凋萎。总状花序具几朵至 10 余朵花，花较小，黄白色。蒴果。花期 2~4 月。生于沟谷林下阴处或路边。

宽叶线柱兰总状花序

宽叶线柱兰小花及叶片

附录种——蕨类

蛇足石杉茎叶及生境

蛇足石杉

◆ 学名：*Huperzia serrata*
◆ 科属：石杉科石杉属

识别要点及生境：

草本，叶狭椭圆形，孢子囊生于孢子叶的叶腋，内藏，黄色。生于林下、灌丛或路旁。

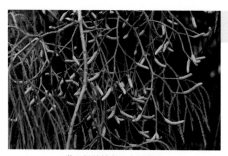

藤石松的枝条及孢子囊穗

藤石松

◆ 学名：*Lycopodiastrum casuarinoides*
◆ 科属：石松科藤石松属

识别要点及生境：

草本，孢子囊生于孢子叶腋。生于林下或杂木林中。

垂穗石松孢子囊穗枝端

垂穗石松

◆ 学名：*Palhinhaea cernua*
◆ 科属：石松科垂穗石松属

识别要点及生境：

草本，孢子叶卵状菱形，覆瓦状排列，孢子囊生于孢子叶腋。生于林下或路边。

翠云草的叶具虹彩

翠云草

◆ 学名：*Selaginella uncinata*
◆ 科属：卷柏科卷柏属

识别要点及生境：

草本，孢子叶穗紧密，四棱柱形，单生于小枝末端。生于林下、林缘或路边。

福建观音座莲生境

福建观音座莲

◆ 学名：*Angiopteris fokiensis*
◆ 科属：观音座莲科观音座莲属

识别要点及生境：

  大型草本，孢子囊群棕色，长圆形，彼此接近。生于疏林下或溪沟边。

铁芒萁末回羽片深裂几达羽轴

铁芒萁

◆ 学名：*Dicranopteris linearis*
◆ 科属：里白科芒萁属

识别要点及生境：

  草本，孢子囊群圆形，着生于基部上侧小脉的弯弓处。生于疏林下或路边。

芒萁叶轴二叉分枝

芒萁

◆ 学名：*Dicranopteris pedata*
◆ 科属：里白科芒萁属

识别要点及生境：

  草本，孢子囊群圆形，着生于基部上侧或上下两侧小脉的弯弓处。生于荒坡或林缘。

中华里白二回羽状叶片

中华里白

◆ 学名：*Diplopterygium chinense*
◆ 科属：里白科里白属

识别要点及生境：

  草本，孢子囊群位于中脉和叶缘之间，由3~4个孢子囊组成。生于山溪边或林中。

里白小羽片 22~35 对

里白

- 学名：*Diplopterygium glaucum*
- 科属：里白科里白属

识别要点及生境：

草本，孢子囊群生于上侧小脉上，由3~4个孢子囊组成。生于林下或路边土坡之上。

金毛狗生境

金毛狗

- 学名：*Cibotium barometz*
- 科属：蚌壳蕨科金毛狗属

识别要点及生境：

草本，孢子囊群成熟时张开如蚌壳，孢子为三角状的四面形。生于沟边及林下。

黑桫椤羽状叶片

黑桫椤

- 学名：*Alsophila podophylla*
- 科属：桫椤科桫椤属

识别要点及生境：

植株高 1~3 m。孢子囊群圆形，着生于小脉背面近基部处。生于山坡林中、溪边灌丛。

半边旗叶片二回半边深裂

半边旗

- 学名：*Pteris semipinnata*
- 科属：凤尾蕨科凤尾蕨属

识别要点及生境：

草本，叶簇生，能育裂片仅顶端有一尖刺或具 2~3 个尖锯齿。生于林下阴处、溪边。

长叶铁角蕨叶片二回羽状

长叶铁角蕨

- ◆ 学名：*Asplenium prolongatum*
- ◆ 科属：铁角蕨科铁角蕨属

识别要点及生境：

　　草本，孢子囊群狭线形，位于小羽片的中部上侧边。附生于林中树干上或潮湿岩石上。

乌毛蕨生境

乌毛蕨

- ◆ 学名：*Blechnum orientale*
- ◆ 科属：乌毛蕨科乌毛蕨属

识别要点及生境：

　　草本，孢子囊群线形，连续，紧靠主脉两侧。生于水沟旁、灌丛中或疏林下。

狗脊叶片背面

狗脊

- ◆ 学名：*Woodwardia japonica*
- ◆ 科属：乌毛蕨科狗脊属

识别要点及生境：

　　草本，孢子囊群线形，着生于主脉两侧的狭长网眼上。生疏林下或路边。

珠芽狗脊的羽片及珠芽

珠芽狗脊

- ◆ 学名：*Woodwardia orientalis* **var.** *formosana*
- ◆ 科属：乌毛蕨科狗脊属

识别要点及生境：

　　草本，孢子囊群粗短，形似新月形，着生于主脉两侧的狭长网眼上。生于疏林下或溪边。

华南实蕨的羽片

华南实蕨

- ◆ 学名：*Bolbitis subcordata*
- ◆ 科属：实蕨科实蕨属

识别要点及生境：

　　草本，孢子囊群初沿网脉分布，后满布能育羽片下面。生于山谷水边密林下石上。

伏石蕨的生境及孢子囊群

伏石蕨

- ◆ 学名：*Lemmaphyllum microphyllum*
- ◆ 科属：水龙骨科伏石蕨属

识别要点及生境：

　　附生，孢子囊群线形，位于主脉与叶边之间。生于林中树干上或岩石上。

槲蕨叶片

槲蕨

- ◆ 学名：*Drynaria roosii*
- ◆ 科属：槲蕨科槲蕨属

识别要点及生境：

　　草本，孢子囊群沿裂片下部排列成 2-4 行。附生树干或石上，偶生于墙缝。

满江红叶片

满江红

- ◆ 学名：*Azolla imbricata*
- ◆ 科属：满江红科满江红属

识别要点及生境：

　　小型漂浮植物，孢子果双生于分枝处，有大孢子果及小孢子囊。生水田和静水沟塘中。

附录种——裸子植物

马尾松的球花及针叶

马尾松

◆ 学名：*Pinus massoniana*
◆ 科属：松科松属

识别要点及生境：

　　乔木，雄球花圆柱形，雌球花单生或数个聚生，花期 4~5 月，球果 10~12 月成熟。生于山地林中。

杉木的枝叶及球花

杉木

◆ 学名：*Cunninghamia lanceolata*
◆ 科属：杉科杉木属

识别要点及生境：

　　乔木，雄球花圆锥状，雌球花单生或数个集生，球果，花期 4 月，球果秋季成熟。生于山地林中。

长叶竹柏雌球花及种子

长叶竹柏

◆ 学名：*Nageia fleuryi*
◆ 科属：罗汉松科竹柏属

识别要点及生境：

　　乔木，雄球花穗腋生，雌球花单生叶腋，种子圆球形，熟时假种皮蓝紫色。生于常林中。

竹柏的枝叶

竹柏

◆ 学名：*Nageia nagi*
◆ 科属：罗汉松科竹柏属

识别要点及生境：

　　乔木，雄球花穗状圆柱形，单生叶腋，雌球花多单生。花期 3~4 月，种子 10 月成熟。生林中。

百日青的花及叶

百日青

◆ 学名：*Podocarpus neriifolius*
◆ 科属：罗汉松科罗汉松属

识别要点及生境：

　　乔木，雄球花穗状，单生或 2~3 个簇生。种子卵圆形。花期 5 月，种子 10~11 月成熟。产河边。

穗花杉白色气孔带及种子

穗花杉

◆ 学名：*Amentotaxus argotaenia*
◆ 科属：红豆杉科穗花杉属

识别要点及生境：

　　灌木或小乔木，雄球花穗 1~3，假种皮红色，花期 4 月，种子 10 月成熟。生于溪谷林中。

罗浮买麻藤

◆ 学名：*Gnetum lofuense*
◆ 科属：买麻藤科买麻藤属

识别要点及生境：

　　藤本，雄球花序有总苞 12~20 轮，雌球花花序轴粗壮。假种皮红色。生于林中。

罗浮买麻藤的花序及种子

小叶买麻藤的花序及种子

小叶买麻藤

◆ 学名：*Gnetum parvifolium*
◆ 科属：买麻藤科买麻藤属

识别要点及生境：

　　藤本，雄球花序有 5~10 轮总苞，雌球花穗细长，成熟种子假种皮红色。生于林中。

附录种——被子植物

无根藤的穗状花序及果实

无根藤

◆ 学名：*Cassytha filiformis*
◆ 科属：樟科无根藤属

识别要点及生境：

寄生缠绕草本，花白色，果卵球形，花果期5~12月。生于灌丛中或疏林中。

樟的圆锥花序及具腺窝的叶片

樟

◆ 学名：*Cinnamomum camphora*
◆ 科属：樟科樟属

识别要点及生境：

常绿大乔木，花绿白或带黄色，果卵球形。花期4~5月，果期8~11月。生于山坡沟谷中。

乌药的腋生伞形花序

乌药

◆ 学名：*Lindera aggregata*
◆ 科属：樟科山胡椒属

识别要点及生境：

灌木或小乔木，花黄色或黄绿色。果卵形。花期3~4月，果期5~11月。生于山谷中。

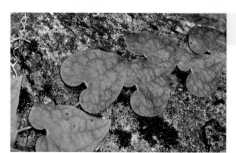

华南胡椒的厚纸质叶

华南胡椒

◆ 学名：*Piper austrosinense*
◆ 科属：胡椒科胡椒属

识别要点及生境：

木质藤本，花白色，浆果球形，花期4~6月。生于林中，攀援于树上或石上。

假蒟的花序及叶片

假蒟

◆ 学名：*Piper sarmentosum*
◆ 科属：胡椒科胡椒属

识别要点及生境：

    草本，花序白色，浆果球形，花期 4~11 月。生于林下或路边湿地上。

华南堇菜植株

华南堇菜

◆ 学名：*Viola austrosinensis*
◆ 科属：堇菜科堇菜属

识别要点及生境：

    草本，花浅蓝色，下部花瓣具紫色条纹，蒴果，花期春季。生于林缘、路边湿润之地。

七星莲植株局部

七星莲

◆ 学名：*Viola diffusa*
◆ 科属：堇菜科堇菜属

识别要点及生境：

    一年生草本。花淡紫色或浅黄色，蒴果，花期 3~5 月，果期 5~8 月。生于林下、岩隙或路边。

黄叶树花枝

黄叶树

◆ 学名：*Xanthophyllum hainanense*
◆ 科属：远志科黄叶树属

识别要点及生境：

    乔木，总状花序或小型圆锥花序，花白黄色，核果。花期 3~5 月，果期 4~7 月。生于林中。

齿果草的穗状花序

齿果草

◆ 学名：*Salomonia cantoniensis*
◆ 科属：远志科齿果草属

识别要点及生境：

　　草木，花淡红色，蒴果，花期 7~8 月，果期 8~10 月。生于林下、灌丛中或草地。

东南景天生境

东南景天

◆ 学名：*Sedum alfredii*
◆ 科属：景天科景天属

识别要点及生境：

　　多年生草本，花瓣 5，黄色，蓇葖斜叉开。花期 4~5 月，果期 6~8 月。生于阴湿石上。

佛甲草的聚伞状花序

佛甲草

◆ 学名：*Sedum lineare*
◆ 科属：景天科景天属

识别要点及生境：

　　草本，花黄色，蓇葖果，花期 4~5 月，果期 6~7 月。生于低山或平地草坡上。

荷莲豆草的卵状心形叶

荷莲豆草

◆ 学名：*Drymaria cordata*
◆ 科属：石竹科荷莲豆草属

识别要点及生境：

　　草本，花瓣白色，蒴果，花期 4~10 月，果期 6~12 月。生于山谷、林缘或路边。

杠板归

杠板归的果球形

◆ 学名：*Polygonum perfoliatum*
◆ 科属：蓼科蓼属

识别要点及生境：

　　草本，花白色或淡红色，瘦果，花期 6~8 月，果期 7~10月。生于路旁、灌丛中或山谷湿地。

垂序商陆

垂序商陆的总状花序及浆果

◆ 学名：*Phytolacca americana*
◆ 科属：商陆科商陆属

识别要点及生境：

　　草本，花白色，微带红晕，浆果，花期 6~8 月，果期8~10 月。逸生于林缘、路边等处。

酢浆草

酢浆草的小花、蒴果及叶片

◆ 学名：*Oxalis corniculata*
◆ 科属：酢浆草科酢浆草属

识别要点及生境：

　　草本，花黄色，蒴果，花果期 2~9 月。生于山坡草池、河谷、路边、林下。

红花酢浆草

红花酢浆草的伞形花序

◆ 学名：*Oxalis corymbosa*
◆ 科属：酢浆草科酢浆草属

识别要点及生境：

　　草本，花淡紫色至紫红色，蒴果，花果期 3~12 月。逸生于山地、路旁、荒地等处。

草龙的花朵腋生

草龙

- ◆ 学名：*Ludwigia linifolia*
- ◆ 科属：柳叶菜科丁香蓼属

识别要点及生境：

草本，花瓣黄色，蒴果，花果期几乎四季。生于沟边、河塘边、草地中或路边。

毛草龙的花枝

毛草龙

- ◆ 学名：*Ludwigia octovalvis*
- ◆ 科属：柳叶菜科丁香蓼属

识别要点及生境：

草本，花瓣黄色，蒴果，花期 6~8 月，果期 8~11 月。生于沟谷旁或路边湿润处。

土沉香的伞形花序

土沉香

- ◆ 学名：*Aquilaria sinensis*
- ◆ 科属：瑞香科沉香属

识别要点及生境：

乔木，花黄绿色，蒴果，花期春夏，果期夏秋。生于山地林中以及路边阳处疏林中。

紫茉莉的花朵及瘦果

紫茉莉

- ◆ 学名：*Mirabilis jalapa*
- ◆ 科属：紫茉莉科紫茉莉属

识别要点及生境：

一年生草本，花高脚碟状，花杂色，瘦果球形。花果期 6~11 月。栽培逸生。

毛叶嘉赐树花序及果实

毛叶嘉赐树

- ◆ 学名：*Casearia velutina*
- ◆ 科属：天料木科脚骨脆属

识别要点及生境：

灌木，花萼淡紫色，无花瓣，蒴果，花期 12 月，果期次年春季。生于林下或路边。

粗喙秋海棠的具喙的果实

粗喙秋海棠

- ◆ 学名：*Begonia longifolia*
- ◆ 科属：秋海棠科秋海棠属

识别要点及生境：

草本，花白色，蒴果，前端具喙，花期 4 月，果期夏秋。生于潮湿的路边、林下。

岗松的花枝

岗松

- ◆ 学名：*Baeckea frutescens*
- ◆ 科属：桃金娘科岗松属

识别要点及生境：

灌木，有时为小乔木，花小，白色，蒴果，花期夏秋。生于低丘及荒山草坡与灌丛中。

水翁的圆锥花序及浆果

水翁

- ◆ 学名：*Syzygium nervosum*
- ◆ 科属：桃金娘科蒲桃属

识别要点及生境：

乔木，花 2~3 朵簇生，白色，花期 5~6 月。生于林中、潮湿的水边等处。

甜麻的花枝及长筒状蒴果

甜麻

◆ 学名：*Corchorus aestuans*
◆ 科属：椴树科黄麻属

识别要点及生境：

　　草本，花瓣黄色，蒴果长筒形。花期夏季。生长于荒地、林缘、旷野或路边。

黄麻的花枝及球形蒴果

黄麻

◆ 学名：*Corchorus capsularis*
◆ 科属：椴树科黄麻属

识别要点及生境：

　　草本，花瓣黄色，蒴果球形，具钝棱及瘤状突起，花期夏季，果秋后成熟。多为栽培。

长勾刺蒴麻的花朵及具刺的蒴果

长勾刺蒴麻

◆ 学名：*Triumfetta pilosa*
◆ 科属：椴树科刺蒴麻属

识别要点及生境：

　　木质草本或亚灌木，花瓣黄色，蒴果具刺，先端有勾。花期夏季。生于灌丛及路边。

刺蒴麻聚伞花序及纸质叶

刺蒴麻

◆ 学名：*Triumfetta rhomboidea*
◆ 科属：椴树科刺蒴麻属

识别要点及生境：

　　亚灌木，花瓣黄色，果球形，具勾针刺，花期夏秋季间。生于林缘、路边或杂草丛中。

马松子的花枝

马松子

- 学名：*Melochia corchorifolia*
- 科属：梧桐科马松子属

识别要点及生境：

草本，花瓣白色，后变为淡红色，蒴果，花期夏秋。生于林缘、路边或灌丛中。

翻白叶树的青白色小花及蒴果

翻白叶树

- 学名：*Pterospermum heterophyllum*
- 科属：梧桐科翅子树属

识别要点及生境：

乔木，花青白色，蒴果木质，矩圆状卵形，种子具膜质翅，花期秋季。生于林中。

木芙蓉花单生

木芙蓉

- 学名：*Hibiscus mutabilis*
- 科属：锦葵科木槿属

识别要点及生境：

灌木或小乔木，花初开时白色或淡红色，后变深红色。蒴果。花期 8~10 月。多为栽培。

白背黄花稔花单生于叶腋

白背黄花稔

- 学名：*Sida rhombifolia*
- 科属：锦葵科黄花稔属

识别要点及生境：

亚灌木，花黄色，果半球形。花期秋冬季。生于山坡灌丛间、旷野和沟谷两岸。

红背山麻杆的花序及枝叶

红背山麻杆

◆ 学名：*Alchornea trewioides*
◆ 科属：大戟科山麻杆属

识别要点及生境：

灌木，雄花序穗状，雌花序总状，蒴果，花期3~5月，果期6~8月。生于林下。

五月茶的红色核果

五月茶

◆ 学名：*Antidesma bunius*
◆ 科属：大戟科五月茶属

识别要点及生境：

乔木，雄花序穗状，雌花序总状，核果，花期3~5月，果期6~11月。生于林中。

土蜜树的簇生小花及核果

土蜜树

◆ 学名：*Bridelia tomentosa*
◆ 科属：大戟科土蜜树属

识别要点及生境：

乔木，雌雄同株或异株，核果，花果期几乎全年。生于山地疏林中或灌木林中。

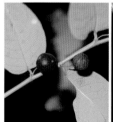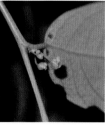

小果叶下珠果实及小花

小果叶下珠

◆ 学名：*Phyllanthus reticulatus*
◆ 科属：大戟科叶下珠属

识别要点及生境：

灌木，花极小，蒴果红色。花期3~6月，果期6~10月。生于林下或灌木丛中。

毛果巴豆的总状花序

毛果巴豆

- ◆ 学名：*Croton lachnocarpus*
- ◆ 科属：大戟科巴豆属

识别要点及生境：

　　灌木，总状花序 1~3 个，蒴果稍扁球形，花期 4~5 月。生于疏林中、灌丛中或路边。

巴豆的蒴果

巴豆

- ◆ 学名：*Croton tiglium*
- ◆ 科属：大戟科巴豆属

识别要点及生境：

　　灌木或小乔木，总状花序顶生，蒴果椭圆状，花期 4~6 月。生于疏林中。

白背叶的穗状花序

白背叶

- ◆ 学名：*Mallotus apelta*
- ◆ 科属：大戟科野桐属

识别要点及生境：

　　灌木或小乔木，花雌雄异株，蒴果，花期 6~9 月，果期 8~11 月。生于山坡、灌丛或路边。

山乌桕的花序及果实

山乌桕

- ◆ 学名：*Triadica cochinchinensis*
- ◆ 科属：大戟科乌桕属

识别要点及生境：

　　乔大或灌木，花雌雄同株，蒴果黑色，球形，花期 4~6 月。生于山谷或山坡林中。

乌桕总状花序

乌桕

◆ **学名：** *Triadica sebifera*
◆ **科属：** 大戟科乌桕属

识别要点及生境：

　　乔木，花单性，雌雄同株，蒴果梨状球形，成熟时黑色，花期 4~8 月。生于疏林中。

交让木花枝

交让木

◆ **学名：** *Daphniphyllum macropodum*
◆ **科属：** 交让木科虎皮楠属

识别要点及生境：

　　灌木或小乔木，无花瓣，果椭圆形，花期 3~5 月，果期 8~10 月。生于阔叶林中。

龙芽草的顶生花序

龙芽草

◆ **学名：** *Agrimonia pilosa*
◆ **科属：** 蔷薇科龙芽草属

识别要点及生境：

　　草本，花瓣黄色，果实倒卵圆锥形，花果期 5~12 月。生于溪边、路旁、灌丛及林缘。

皱果蛇莓的花朵及瘦果

皱果蛇莓

◆ **学名：** *Duchesnea chrysantha*
◆ **科属：** 蔷薇科蛇莓属

识别要点及生境：

　　草本，花瓣黄色，瘦果具明显皱纹，花果期 3~9 月。生于山坡、河岸、草地。

柳叶石斑木的花序及新枝

柳叶石斑木

- ◆ **学名**：*Rhaphiolepis salicifolia*
- ◆ **科属**：蔷薇科石斑木属

识别要点及生境：

灌木或小乔木，花瓣白色，梨果。花期 4 月。生于山坡林缘、疏林下或路边。

山莓白色花朵及果实

山莓

- ◆ **学名**：*Rubus corchorifolius*
- ◆ **科属**：蔷薇科悬钩子属

识别要点及生境：

灌木，花白色，果实近球形或卵球形，花期 2~3 月，果期 4~6 月。生于山坡、灌丛或路边。

台湾相思的头状花序

台湾相思

- ◆ **学名**：*Acacia confusa*
- ◆ **科属**：含羞草科相思树属

识别要点及生境：

乔木，花金黄色，荚果扁平，花期 3~10 月，果期 8~12 月。野生或栽培。

银合欢的头状花序

银合欢

- ◆ **学名**：*Leucaena leucocephala*
- ◆ **科属**：含羞草科银合欢属

识别要点及生境：

灌木或小乔木，花白色，荚果带状，花期 4~7 月，果期 8~10 月。生于荒地或疏林中。

光荚含羞草的头状花序

光荚含羞草

◆ 学名：*Mimosa bimucronata*
◆ 科属：含羞草科含羞草属

识别要点及生境：

　　灌木，头状花序白色，荚果带状。花期夏秋，果期冬季。逸生于疏林下、路边。

含羞草的头状花序

含羞草

◆ 学名：*Mimosa pudica*
◆ 科属：含羞草科含羞草属

识别要点及生境：

　　亚灌木状草本，花淡红色，荚果，花期3~10月，果期5~11月。生于灌丛或路边。

相思子的叶片及果实

相思子

◆ 学名：*Abrus precatorius*
◆ 科属：蝶形花科相思子属

识别要点及生境：

　　藤本，花冠紫色，荚果长圆形，花期3~6月，果期9~10月。生于疏林中。

毛相思子的总状花序

毛相思子

◆ 学名：*Abrus pulchellus* **subsp.** *mollis*
◆ 科属：蝶形花科相思子属

识别要点及生境：

　　藤本，花冠粉红色或淡紫色，荚果，花期8月，果期9月。生于路旁疏林、灌丛中。

链荚豆总状花序及小叶

链荚豆

- ◆ 学名：*Alysicarpus vaginalis*
- ◆ 科属：蝶形花科链荚豆属

识别要点及生境：

　　草本，花冠紫蓝色，荚果，花期9月，果期9~11月。生于草坡、路旁。

短叶决明的腋生花序及羽状复叶

短叶决明

- ◆ 学名：*Chamaecrista leschenaultiana*
- ◆ 科属：蝶形花科山扁豆属

识别要点及生境：

　　亚灌木状草本，花冠橙黄色，荚果，花期6~8月，果期9~11月。生于路旁或灌丛中。

含羞草决明腋生小花及叶片

含羞草决明

- ◆ 学名：*Chamaecrista mimosoides*
- ◆ 科属：蝶形花科山扁豆属

识别要点及生境：

　　亚灌木状草本，花瓣黄色，荚果镰形，扁平，花果期通常8~10月。生于灌木丛或路边。

假地蓝花序及荚果

假地蓝

- ◆ 学名：*Crotalaria ferruginea*
- ◆ 科属：蝶形花科猪屎豆属

识别要点及生境：

　　草本，花冠黄色，荚果长圆形，花果期6~12月。生于山坡疏林及荒山草地。

猪屎豆的总状花序

猪屎豆

◆ 学名：*Crotalaria pallida*
◆ 科属：蝶形花科猪屎豆属

识别要点及生境：

    草本，花冠黄色，荚果长圆形，花果期 9~12 月。生于路边或灌木丛中。

香港黄檀的圆锥花序及羽状复叶

香港黄檀

◆ 学名：*Dalbergia millettii*
◆ 科属：蝶形花科黄檀属

识别要点及生境：

    藤本，花微小，花冠白色，荚果长圆形至带状，扁平，花期 5 月。生于山谷林中。

三点金紫红色小花及三出复叶

三点金

◆ 学名：*Desmodium triflorum*
◆ 科属：蝶形花科山蚂蝗属

识别要点及生境：

    草本，花冠紫红色，荚果扁平，花果期 6~10 月。生于旷野草地、路旁。

野青树总状花序及荚果

野青树

◆ 学名：*Indigofera suffruticosa*
◆ 科属：蝶形花科木蓝属

识别要点及生境：

    灌木，花冠红色，荚果镰状弯曲，花期 3~5 月，果期 6~10 月。生于路旁、疏林下。

美丽崖豆藤为圆锥花序

美丽崖豆藤

◆ 学名：*Millettia speciosa*
◆ 科属：蝶形花科崖豆藤属

识别要点及生境：

　　藤本，花冠白、米黄至淡红色，荚果线状，花期7~10月，果期2月。生于灌丛、疏林中。

毛排钱树小花、荚果及叶状苞片

毛排钱树

◆ 学名：*Phyllodium elegans*
◆ 科属：蝶形花科排钱树属

识别要点及生境：

　　灌木，花冠白色或淡绿色，荚果，花期7~8月，果期10~11月。生于疏林中。

田菁的花朵及羽状复叶

田菁

◆ 学名：*Sesbania cannabina*
◆ 科属：蝶形花科田菁属

识别要点及生境：

　　草本，花冠黄色，荚果长圆柱形，花果期7~12月。生于路边、杂草丛中。

天仙果的果实

天仙果

◆ 学名：*Ficus erecta*
◆ 科属：桑科榕属

识别要点及生境：

　　小乔木或灌木，榕果单生叶腋，球形或梨形，花果期5~6月。生于山坡林下或溪边。

琴叶榕的果实及叶片

琴叶榕

- ◆ **学名：** *Ficus pandurata*
- ◆ **科属：** 桑科榕属

识别要点及生境：

　　小灌木，榕果单生叶腋，鲜红色，椭圆形或球形，花期6~8月。生于山地灌丛林下或路边。

青果榕的果实

青果榕

- ◆ **学名：** *Ficus variegata*
- ◆ **科属：** 桑科榕属

识别要点及生境：

　　乔木，榕果基部收缩成短柄，成熟时绿色至黄色，花果期春季至秋季。生于沟谷中及林下。

构棘的花序及肉质聚合果

构棘

- ◆ **学名：** *Maclura cochinchinensis*
- ◆ **科属：** 桑科柘属

识别要点及生境：

　　直立或攀援状灌木，花雌雄异株，聚合果橙红色，花期4~5月，果期6~7月。生于林缘或路边。

中华卫矛的聚伞花序

中华卫矛

- ◆ **学名：** *Euonymus nitidus*
- ◆ **科属：** 卫矛科卫矛属

识别要点及生境：

　　常绿灌木或小乔木，花白色或黄绿色，蒴果，花期3~5月，果期6~10月。生于林下、路旁。

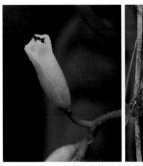
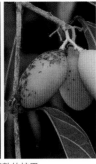

定心藤小花及成熟的核果

定心藤

- ◆ 学名：*Mappianthus iodoides*
- ◆ 科属：茶茱萸科定心藤属

识别要点及生境：

　　木质藤本，花黄色，核果橙黄至橙红色，花期4~8月，果期6~12月。生于疏林、灌丛中。

鞘花的总状花序

鞘花

- ◆ 学名：*Macrosolen cochinchinensis*
- ◆ 科属：桑寄生科鞘花属

识别要点及生境：

　　寄生灌木，花冠橙色，花期2~6月，果期5~8月。生于常绿阔叶林中。

角花乌蔹莓花序及果实

角花乌蔹莓

- ◆ 学名：*Cayratia corniculata*
- ◆ 科属：葡萄科乌蔹莓属

识别要点及生境：

　　草质藤本，花瓣4，果实近球形，花期4~5月，果期7~9月。生于疏林、灌丛或路边。

尖叶乌蔹莓浆果及叶片

尖叶乌蔹莓

- ◆ 学名：*Cayratia japonica* var. *pseudotrifolia*
- ◆ 科属：葡萄科乌蔹莓属

识别要点及生境：

　　草质藤本，叶多为3小叶，花瓣4，花期5~8月，果期秋冬。生于山谷林中或灌丛中。

异叶地锦着生在短枝上叶常为 3 小叶

异叶地锦

◆ 学名：*Parthenocissus dalzielii*
◆ 科属：葡萄科地锦属

识别要点及生境：

　　木质藤本，花瓣 4，果实近球形，花期 5~7 月，果期 7~11 月。生于崖壁、林中或石缝中。

山油柑黄白色小花及果实

山油柑

◆ 学名：*Acronychia pedunculata*
◆ 科属：芸香科山油柑属

识别要点及生境：

　　乔木，花两性，黄白色，果淡黄色，花期 4~8 月，果期 8~12 月。生于林中或路边。

酒饼簕

◆ 学名：*Atalantia buxifolia*
◆ 科属：芸香科酒饼簕属

识别要点及生境：

　　灌木，花瓣白色，果圆球形，花期 5~12 月，果期 9~12 月。生于灌木丛中或路边。

酒饼簕花朵簇生

山小橘的圆锥花序及果实

山小橘

◆ 学名：*Glycosmis pentaphylla*
◆ 科属：芸香科山小橘属

识别要点及生境：

　　小乔木，花瓣白或淡黄色，果近圆球形，花期 7~10 月，果期翌年 1~3 月。生于林中。

两面针

◆ 学名：*Zanthoxylum nitidum*
◆ 科属：芸香科花椒属

识别要点及生境：

　　灌木或藤本，花瓣淡黄绿色，种子圆珠状，花期3~5月，果期9~11月。生于疏林、灌丛中。

两面针果实

倒地铃

◆ 学名：*Cardiospermum halicacabum*
◆ 科属：无患子科倒地铃属

识别要点及生境：

　　藤本，花瓣乳白色，蒴果，花期夏秋，果期秋季至初冬。生于灌丛、路边和林缘。

倒地铃的白色小花及蒴果

野鸦椿

◆ 学名：*Euscaphis japonica*
◆ 科属：省沽油科野鸦椿属

识别要点及生境：

　　小乔木或灌木，花黄白色，蓇葖果，花期5~6月，果期8~9月。生于山地林中。

野鸦椿的蓇葖果

野漆

◆ 学名：*Toxicodendron succedaneum*
◆ 科属：漆树科漆树属

识别要点及生境：

　　乔木，花黄绿色，核果大，偏斜，花期5~6月，果期8~9月。生于杂木林中或路边。

野漆的果序及新叶

毛八角枫的聚伞花序及核果

毛八角枫

- ◆ 学名：*Alangium kurzii*
- ◆ 科属：八角枫科八角枫属

识别要点及生境：

小乔木，花瓣初白色，后变淡黄色，核果，花期5~6月，果期9月。生于林下及路边。

长刺楤木伞形花序及枝叶

长刺楤木

- ◆ 学名：*Aralia spinifolia*
- ◆ 科属：五加科楤木属

识别要点及生境：

灌木，花瓣淡绿白色，果实卵球形，花期8~10月，果期10~12月。生于林下或路边。

变叶树参的果实

变叶树参

- ◆ 学名：*Dendropanax proteus*
- ◆ 科属：五加科树参属

识别要点及生境：

灌木，花瓣4~5，卵状三角形，果实球形，花期8~9月，果期9~10月。生于林下或路边。

常春藤的成熟果实

常春藤

- ◆ 学名：*Hedera nepalensis* var. *sinensis*
- ◆ 科属：五加科常春藤属

识别要点及生境：

攀援灌木，花黄白色或绿白色，果球形，花期9~11月，果期3~5月。攀援于树木、石上。

积雪草的膜质叶及小花

积雪草

◆ 学名：*Centella asiatica*
◆ 科属：伞形科积雪草属

识别要点及生境：

草本，花紫红色或乳白色，果实圆球形，花果期 4~10 月。生于草地或路边。

红马蹄草的伞形花序及膜质叶

红马蹄草

◆ 学名：*Hydrocotyle nepalensis*
◆ 科属：伞形科天胡荽属

识别要点及生境：

草本，花瓣白色或乳白色，果两侧扁压，花果期 5~11 月。生长于山坡、路旁。

天胡荽的小型伞形花序及叶片

天胡荽

◆ 学名：*Hydrocotyle sibthorpioides*
◆ 科属：伞形科天胡荽属

识别要点及生境：

草本，花瓣绿白色，果实略呈心形，花果期 4~9 月。生长草地、河沟边、林下。

肾叶天胡荽植株

肾叶天胡荽

◆ 学名：*Hydrocotyle wilfordii*
◆ 科属：伞形科天胡荽属

识别要点及生境：

草本，花瓣白色至淡黄色，果实两侧扁压，花果期 5~9 月。生于沟边、溪旁或路边。

薄片变豆菜植株

薄片变豆菜

- ◆ 学名：*Sanicula lamelligera*
- ◆ 科属：伞形科变豆菜属

识别要点及生境：

　　草本，花瓣白色、淡蓝色或粉红色，果实卵形，花果期4~11月。生于路旁、沟谷及溪边。

柿的黄色雌花及果实

柿

- ◆ 学名：*Diospyros kaki*
- ◆ 科属：柿树科柿属

识别要点及生境：

　　乔木，花黄白色，果形有球形、扁球形等多种，花期5~6月，果期9~10月。多为栽培。

革叶铁榄花朵及浆果

革叶铁榄

- ◆ 学名：*Sinosideroxylon wightianum*
- ◆ 科属：山榄科铁榄属

识别要点及生境：

　　乔木，稀灌木，花冠白绿色，果椭圆形，花期夏至秋。生于灌丛、林中或路边。

少年红的花序

少年红

- ◆ 学名：*Ardisia alyxiifolia*
- ◆ 科属：紫金牛科紫金牛属

识别要点及生境：

　　小灌木，花瓣白色，稀粉红色，果球形，果期10~12月，有时5月。生于林下或坡地。

百两金的红色浆果

百两金

◆ 学名：*Ardisia crispa*
◆ 科属：紫金牛科紫金牛属

识别要点及生境：

灌木，花瓣白色或粉红色，果球形，花期 5~6 月，果期 10~12 月。生于林下或路边。

心叶紫金牛的花序及果实

心叶紫金牛

◆ 学名：*Ardisia maclurei*
◆ 科属：紫金牛科紫金牛属

识别要点及生境：

亚灌木或小灌木，花瓣淡紫色。果红色。花期 5~6 月，果期冬季。生于林缘、石缝等处。

酸藤子的花 4 数

酸藤子

◆ 学名：*Embelia laeta*
◆ 科属：紫金牛科酸藤子属

识别要点及生境：

灌木或藤本，花白色，果球形，花期 12 月至翌年 3 月，果期 4~6 月。生于林下或灌丛中。

白檀的圆锥花序

白檀

◆ 学名：*Symplocos paniculata*
◆ 科属：山矾科山矾属

识别要点及生境：

灌木或小乔木，花冠白色，核果熟时蓝色，花期 5~8 月，果期 9 月。生于山地林中。

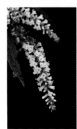

白背枫的圆锥花序、果序及叶片

白背枫

◆ 学名：*Buddleja asiatica*
◆ 科属：马钱科醉鱼草属

识别要点及生境：

　　直立灌木或小乔木，花冠芳香，白色，花果期几乎全年。生于山坡灌木丛中或林缘。

醉鱼草的穗状聚伞花序

醉鱼草

◆ 学名：*Buddleja lindleyana*
◆ 科属：马钱科醉鱼草属

识别要点及生境：

　　灌木，花紫色，芳香，蒴果。花期4~10月，果期8月至翌年4月。生于路旁或灌丛中。

链珠藤的聚伞花序

链珠藤

◆ 学名：*Alyxia sinensis*
◆ 科属：夹竹桃科链珠藤属

识别要点及生境：

　　藤状灌木，花淡红色后变白色，核果，花期4~9月，果期5~11月。生于灌木或路边。

刺瓜蓇葖果纺锤状，具弯刺

刺瓜

◆ 学名：*Cynanchum corymbosum*
◆ 科属：萝藦科鹅绒藤属

识别要点及生境：

　　藤本，花冠绿白色，蓇葖纺锤状，花期5~10月，果期8月至翌年1月。生于灌丛中。

匙羹藤聚伞花序伞形状

匙羹藤

◆ 学名：*Gymnema sylvestre*
◆ 科属：萝藦科匙羹藤属

识别要点及生境：

藤本，花绿白色，偶见红色，蓇葖果，花期 5~10 月，果期 8 月至翌年 1 月。生于灌丛及路边。

水团花的头状花序

水团花

◆ 学名：*Adina pilulifera*
◆ 科属：茜草科水团花属

识别要点及生境：

灌木至小乔木，花冠白色，蒴果，花期 6~7 月。生于疏林下、路旁、溪边水畔。

牛白藤的伞形花序

牛白藤

◆ 学名：*Hedyotis hedyotidea*
◆ 科属：茜草科耳草属

识别要点及生境：

藤状灌木，花冠白色，蒴果近球形，花期 4~7 月。生于灌丛、林缘、草丛中及路边。

鸡矢藤的聚伞花序

鸡矢藤

◆ 学名：*Paederia foetida*
◆ 科属：茜草科鸡矢藤属

识别要点及生境：

藤状灌木，花冠紫蓝色，果阔椭圆形，压扁，花期 5~6 月。生于低疏林内、林缘及路边。

九节核果红色

九节

◆ 学名：*Psychotria asiatica*
◆ 科属：茜草科九节属

识别要点及生境：

　　亚灌木，花冠白色，果椭圆形，橙黄色或红色，花期5~7月，果期8至翌年2月。生于林中。

溪边九节果实成熟后红色

溪边九节

◆ 学名：*Psychotria fluviatilis*
◆ 科属：茜草科九节属

识别要点及生境：

　　灌木，花冠白色，果近球形，红色，花期4~10月，果期8~12月。生于林下或路边。

多花茜草的浆果

多花茜草

◆ 学名：*Rubia wallichiana*
◆ 科属：茜草科茜草属

识别要点及生境：

　　草质攀援藤本，花紫红、绿黄或白色，浆果。花果期6~10月。生于山坡林缘或灌丛中。

稗荩叶片卵状心形，抱茎

稗荩

◆ 学名：*Sphaerocaryum malaccense*
◆ 科属：禾本科稗荩属

识别要点及生境：

　　草本，圆锥花序，小穗含1小花，颖果，花果期秋季。生于海灌丛或路边湿润处。

接骨草的复伞形花序及核果

接骨草

- ◆ 学名：*Sambucus javanica*
- ◆ 科属：忍冬科接骨木属

识别要点及生境：

草本或半灌木，花白色，果红色，花期 4~5 月，果期 8~9 月。生于林下、草丛中或路边。

常绿荚蒾的聚伞花序

常绿荚蒾

- ◆ 学名：*Viburnum sempervirens*
- ◆ 科属：忍冬科荚蒾属

识别要点及生境：

灌木，花冠白色，果实红色，卵圆形，花期 5 月，果熟期 10~12 月。生于山地林中。

攀倒甑的伞房花序

攀倒甑

- ◆ 学名：*Patrinia villosa*
- ◆ 科属：败酱科败酱属

识别要点及生境：

草本，花冠白色，瘦果，花期 8~10 月，果期 9~11 月。生于林下、林缘或灌丛中、草丛中。

鼠麴草植株

鼠麴草

- ◆ 学名：*Gnaphalium affine*
- ◆ 科属：菊科鼠麴草属

识别要点及生境：

草本，花黄色至淡黄色，瘦果，花期 1~4 月，8~11 月。生于路边、林缘或草地上。

杏香兔儿风的总状花序及植株

杏香兔儿风

- ◆ 学名：*Ainsliaea fragrans*
- ◆ 科属：菊科兔儿风属

识别要点及生境：

草本，花白色，瘦果，花期11~12月。生于山坡灌木林下或路旁、沟边草丛中。

三脉兔儿风圆锥花序及叶片

三脉兔儿风

- ◆ 学名：*Ainsliaea trinervis*
- ◆ 科属：菊科兔儿风属

识别要点及生境：

多年生草本，圆锥花序，花冠白色，瘦果。花期7~11月。生于山顶林中或路边。

白苞蒿的密穗状花序

白苞蒿

- ◆ 学名：*Artemisia lactiflora*
- ◆ 科属：菊科蒿属

识别要点及生境：

草本，头状花序排成密穗状花序，白色，瘦果，花果期8~11月。生于林下、林缘及路边。

野菊的头状花序

野菊

- ◆ 学名：*Chrysanthemum indicum*
- ◆ 科属：菊科菊属

识别要点及生境：

草本，舌状花及管状花均为黄色，瘦果，花期6~11月。生于山坡草地、灌丛及路旁。

蓟的头状花序及叶片

蓟

◆ 学名：*Cirsium japonicum*
◆ 科属：菊科蓟属

识别要点及生境：

　　草本，小花红色或紫色，瘦果，花果期 4~11 月。生于林中、林缘、灌丛中、路旁或溪旁。

羊耳菊圆锥花序及枝叶

羊耳菊

◆ 学名：*Duhaldea cappa*
◆ 科属：菊科羊耳菊属

识别要点及生境：

　　亚灌木，头状花序倒卵圆形，花小，瘦果，花期 6~10 月，果期 8~12 月。生于灌丛或路边。

千里光状花序及叶片

千里光

◆ 学名：*Senecio scandens*
◆ 科属：菊科千里光属

识别要点及生境：

　　草本，花冠黄色，瘦果，花期 8 月至翌年 2 月。生于灌丛中、林缘、溪边或路边。

闽粤千里光的头状花序及半抱茎的叶片

闽粤千里光

◆ 学名：*Senecio stauntonii*
◆ 科属：菊科千里光属

识别要点及生境：

　　草本，舌状花及管状花黄色，瘦果，花期 10~11 月。生于山顶灌丛、疏林下或路边。

一枝黄花的花序

一枝黄花

◆ 学名：*Solidago decurrens*
◆ 科属：菊科一枝黄花属

识别要点及生境：

草本，花黄色，瘦果，花果期 9~11 月。生于山顶的林缘、林下、灌丛中及路边。

夜香牛的头状花序及瘦果

夜香牛

◆ 学名：*Vernonia cinerea*
◆ 科属：菊科斑鸠菊属

识别要点及生境：

草本，花淡红紫色，瘦果圆柱形，花果期全年。生于林缘、荒地或路旁。

泽珍珠菜的总状花序

泽珍珠菜

◆ 学名：*Lysimachia candida*
◆ 科属：报春花科珍珠菜属

识别要点及生境：

一年生或二年生草本，花白色，果球形。花期 3~6 月，果期 4~7 月。生于草地等处。

星宿菜植株局部

星宿菜

◆ 学名：*Lysimachia fortunei*
◆ 科属：报春花科珍珠菜属

识别要点及生境：

草本，花冠白色，蒴果球形，花期 6~8 月，果期 8~11 月。生于沟边、路边。

线萼山梗菜

◆ 学名：*Lobelia melliana*
◆ 科属：半边莲科半边莲属

识别要点及生境：

草本，花冠淡红色，蒴果近球形，花果期 8~10 月。生于沟谷、路旁、水沟边。

线萼山梗菜花冠淡红色

水茄

◆ 学名：*Solanum torvum*
◆ 科属：茄科茄属

识别要点及生境：

灌木，花白色，浆果成熟后黄色。全年均开花结果。生长于路旁、灌木丛中或沟谷旁。

水茄的伞房花序及浆果

假烟叶树

◆ 学名：*Solanum verbascifolium*
◆ 科属：茄科茄属

识别要点及生境：

小乔木，小枝密被茸毛，花白色，浆果球状。几全年开花结果。生于荒地、灌丛中或路边。

假烟叶树的聚伞花序

白英

◆ 学名：*Solanum lyratum*
◆ 科属：茄科茄属

识别要点及生境：

藤本，花冠蓝紫色或白色，浆果，花期夏秋，果熟期秋末。生于草地中、林缘或路旁。

白英的浆果及叶片

心萼薯花朵白色

心萼薯

◆ 学名：*Ipomoea biflora*
◆ 科属：旋花科番薯属

识别要点及生境：

缠绕草本，花冠白色，蒴果，花果期8~11月。生于山坡、山谷、路旁或林下。

三裂叶薯漏斗状花冠及蒴果

三裂叶薯

◆ 学名：*Ipomoea triloba*
◆ 科属：旋花科番薯属

识别要点及生境：

草本，花冠漏斗状，淡红色或淡紫红色，蒴果，花果期秋季。生于路旁、荒地等处。

小牵牛的聚伞花序

小牵牛

◆ 学名：*Jacquemontia paniculata*
◆ 科属：旋花科小牵牛属

识别要点及生境：

缠绕草本，花冠淡紫色、白色或粉红色，蒴果球形，花果期2~12月。生于灌丛草坡或路旁。

篱栏网的花朵金黄色

篱栏网

◆ 学名：*Merremia hederacea*
◆ 科属：旋花科鱼黄草属

识别要点及生境：

缠绕或匍匐草本，花冠黄色，蒴果，花果期10月至翌年3月。生于灌丛、林缘或路边。

细茎母草的群落

细茎母草

◆ 学名：*Lindernia pusilla*
◆ 科属：玄参科母草属

识别要点及生境：

草本，花冠紫色，蒴果，花期 5~9 月，果期 9~11 月。生于潮湿的林下或路边。

红骨草的知总状花序及叶片

红骨草

◆ 学名：*Lindernia mollis*
◆ 科属：玄参科母草属

识别要点及生境：

草本，花冠紫色或黄白色，蒴果，花期 7~10 月，果期 9~11 月。生于灌丛、路边湿地。

旱田草的总状花序

旱田草

◆ 学名：*Lindernia ruellioides*
◆ 科属：玄参科母草属

识别要点及生境：

草本，花冠紫红色，蒴果，花期 6~9 月，果期 7~11 月。生于草地中、林下及路边。

长叶蝴蝶草生境

长叶蝴蝶草

◆ 学名：*Torenia asiatica*
◆ 科属：玄参科蝴蝶草属

识别要点及生境：

草本，花冠暗紫色，蒴果，花果期 5~11 月。生于沟边、林缘及路边湿润处。

紫斑蝴蝶草花冠裂片成二唇形

紫斑蝴蝶草

◆ **学名**：*Torenia fordii*
◆ **科属**：玄参科蝴蝶草属

识别要点及生境：

　　草本，花冠黄色，蒴果，花果期 7~10 月。生于山边、林缘、疏林下或路边。

短梗挖耳草花朵特写

短梗挖耳草

◆ **学名**：*Utricularia caerulea*
◆ **科属**：狸藻科狸藻属

识别要点及生境：

　　草本，花紫色、蓝色、粉红色或白色，蒴果，花果期 8~10 月。生于湿润草地或岩壁上。

长梗耳挖草的直立花序

长梗挖耳草

◆ **学名**：*Utricularia limosa*
◆ **科属**：狸藻科狸藻属

识别要点及生境：

　　草本，花冠淡紫色，蒴果球形，花期 8~10 月，果期 9~11 月。生于水湿草地或岩壁上。

钟花草花白色或淡紫色

钟花草

◆ **学名**：*Codonacanthus pauciflorus*
◆ **科属**：爵床科钟花草属

识别要点及生境：

　　草本，花冠白色或淡紫色，蒴果，花期 10 月。生于林下、潮湿的山谷及路边。

华南爵床的穗状花序

华南爵床

- ◆ **学名：** *Justicia austrosinensis*
- ◆ **科属：** 爵床科爵床属

识别要点及生境：

　　草本，花冠黄绿色，蒴果，花期夏季，果期秋季。生于水边、林中或路边。

四子马蓝花冠淡红色或淡紫色

四子马蓝

- ◆ **学名：** *Strobilanthes tetrasperma*
- ◆ **科属：** 爵床科马蓝属

识别要点及生境：

　　草本，花冠淡红色或淡紫色，蒴果，花期秋季。生于林下、林缘或路边。

臭牡丹的聚伞花序

臭牡丹

- ◆ **学名：** *Clerodendrum bungei*
- ◆ **科属：** 马鞭草科大青属

识别要点及生境：

　　灌木，花冠淡红色、红色或紫红色，核果，花果期5~11月。生于林缘、路旁。

赪桐的总状花序

赪桐

- ◆ **学名：** *Clerodendrum japonicum*
- ◆ **科属：** 马鞭草科大青属

识别要点及生境：

　　灌木，花冠红色，稀白色，果实椭圆状球形，花果期5~11月。生于山谷、溪边。

广防风的冠檐二唇形

广防风

- ◆ 学名：*Anisomeles indica*
- ◆ 科属：唇形科广防风属

识别要点及生境：

　　草本，花冠淡紫色，坚果，花期 8~9 月，果期 9~11 月。生于林缘或路旁等处。

活血丹的轮伞花序一般仅具 2 花

活血丹

- ◆ 学名：*Glechoma longituba*
- ◆ 科属：唇形科活血丹属

识别要点及生境：

　　草本，花冠淡蓝、蓝至紫色，坚果，花期 4~5 月，果期 5~6 月。生于林下或草地中。

线纹香茶菜小花及生境

线纹香茶菜

- ◆ 学名：*Isodon lophanthoides*
- ◆ 科属：唇形科香茶菜属

识别要点及生境：

　　草本，花冠白色或粉红色，坚果，花果期 8~12 月。生于林下、林缘或路边。

益母草的轮伞花序

益母草

- ◆ 学名：*Leonurus japonicus*
- ◆ 科属：唇形科益母草属

识别要点及生境：

　　草本，花冠粉红至淡紫红色，坚果，花期 6~9 月，果期 9~10 月。生于路边及灌丛中。

长苞刺蕊草

◆ 学名：*Pogostemon chinensis*
◆ 科属：唇形科刺蕊草属

识别要点及生境：

半灌木，花冠淡紫色，坚果，花期秋季，果期秋冬。生于山地林缘或路边。

长苞刺蕊草雄蕊被髯毛

鼠尾草

◆ 学名：*Salvia japonica*
◆ 科属：唇形科鼠尾草属

识别要点及生境：

草本，花冠淡红、淡紫、淡蓝至白色，坚果，花期6~9月。生于路旁、水边及林荫下。

鼠尾草轮伞花序及叶片

半枝莲

◆ 学名：*Scutellaria barbata*
◆ 科属：唇形科黄芩属

识别要点及生境：

草本，花冠紫蓝色，坚果，花果期4~7月。生于溪边、湿润草地或路边。

半枝莲紫蓝色花冠

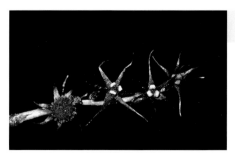

大柱霉草

◆ 学名：*Sciaphila secundiflora*
◆ 科属：霉草科霉草属

识别要点及生境：

腐生草本，花雌雄同株，花被大多6裂，蓇葖果。花期7~8月，果期8~9月。生于林下阴处。

大柱霉草的花及果实

鸭跖草花瓣深蓝色

鸭跖草

◆ **学名**：*Commelina communis*
◆ **科属**：鸭跖草科鸭跖草属

识别要点及生境：

　　草本，花瓣深蓝色，蒴果椭圆形，花期夏季。生于湿润的草地中及路边。

大苞鸭跖草花瓣浅蓝色

大苞鸭跖草

◆ **学名**：*Commelina paludosa*
◆ **科属**：鸭跖草科鸭跖草属

识别要点及生境：

　　草本，花瓣蓝色，蒴果，花期 8~10 月，果期 10 月至翌年 4 月。生于林下及山谷溪边。

华山姜的圆锥花序及叶片

华山姜

◆ **学名**：*Alpinia oblongifolia*
◆ **科属**：姜科山姜属

识别要点及生境：

　　多年生草本，花白色，果球形，花期 5~7 月，果期 6~12 月。生于林下、林缘或路边。

密苞山姜的圆锥花序及果序

密苞山姜

◆ **学名**：*Alpinia stachyodes*
◆ **科属**：姜科山姜属

识别要点及生境：

　　草本，穗状花序直立，花白色，蒴果球形，花期 4~6 月，果期 6~11 月。生于林下荫湿处。

红球姜

◆ 学名：*Zingiber zerumbet*
◆ 科属：姜科姜属

识别要点及生境：

草本，花淡黄色，蒴果椭圆形，花期7~9月，果期10月。生于林下阴湿处。

红球姜球果状花序及淡黄色小花

宽叶韭

◆ 学名：*Allium hookeri*
◆ 科属：百合科葱属

识别要点及生境：

草本，花白色，星芒状开展，蒴果，花果期8~9月。生于湿润山坡或林下。

宽叶韭的伞形花序

天门冬

◆ 学名：*Asparagus cochinchinensis*
◆ 科属：百合科天门冬属

识别要点及生境：

草本，叶状枝3枚成簇，花淡绿色，浆果，花果期5~11月。生于林下、山谷阴湿处。

天门冬的浆果及叶状枝

山菅兰

◆ 学名：*Dianella ensifolia*
◆ 科属：百合科山菅兰属

识别要点及生境：

草本，花绿白色、淡黄色至青紫色，浆果深蓝色，花果期3~8月。生于林下或路边。

山菅兰的小花特写及浆果

狭叶沿阶草

◆ **学名**：*Ophiopogon stenophyllus*
◆ **科属**：百合科沿阶草属

识别要点及生境：

　　草本，花白色或淡紫色，种子椭圆形，花期7~9月，果期10~11月。生于林下潮湿处。

狭叶沿阶草的花序及蓝色果实

菝葜

◆ **学名**：*Smilax china*
◆ **科属**：菝葜科菝葜属

识别要点及生境：

　　攀援灌木，花绿黄色，浆果红色，花期2~5月，果期9~11月。生于林下、灌丛中或路旁。

菝葜的伞形花序及浆果

土茯苓

◆ **学名**：*Smilax glabra*
◆ **科属**：菝葜科菝葜属

识别要点及生境：

　　攀援灌木，花绿白色，浆果。花期7~11月，果期11月至翌年4月。生于林中或路边。

土茯苓的浆果

金钱蒲

◆ **学名**：*Acorus gramineus*
◆ **科属**：天南星科菖蒲属

识别要点及生境：

　　草本，肉穗花序黄绿色，果黄绿色，花期5~6月，果7~8月成熟。生于水旁湿地或石上。

金钱蒲植株

南蛇棒的成熟浆果蓝色

南蛇棒

◆ 学名: *Amorphophallus dunnii*
◆ 科属: 天南星科魔芋属

识别要点及生境:

草本,肉穗花序,浆果蓝色,种子黑色,花期 3~4 月,果 7~8 月成熟。生于林下。

麒麟叶生境

麒麟叶

◆ 学名: *Epipremnum pinnatum*
◆ 科属: 天南星科麒麟叶属

识别要点及生境:

藤本,肉穗花序圆柱形,种子肾形,花期 4~5 月。附生于大树上或岩壁上。

射干花朵及果实

射干

◆ 学名: *Belamcanda chinensis*
◆ 科属: 鸢尾科射干属

识别要点及生境:

草本,花橙红色,散生紫褐色的斑点,蒴果,花期 6~8 月,果期 7~9 月。生于林缘或路边。

杖藤植株及果实

杖藤

◆ 学名: *Calamus rhabdocladus*
◆ 科属: 棕榈科省藤属

识别要点及生境:

攀援藤本,雄花序长鞭状,雌花序二回分枝,果实椭圆形,花果期 4~6 月。生于林下或路边。

鱼尾葵果序及叶片

鱼尾葵

- ◆ 学名：*Caryota ochlandra*
- ◆ 科属：棕榈科鱼尾葵属

识别要点及生境：

　　乔木状，穗状分枝花序，果实球形。花期5~7月，果期8~11月。生于沟谷林中。

露兜草叶革质带状

露兜草

- ◆ 学名：*Pandanus austrosinensis*
- ◆ 科属：露兜树科露兜树属

识别要点及生境：

　　草本，花单性，雌雄异株，聚花果，花期4~5月。生于林中、溪边或路旁。

金线兰花朵特写及生境

金线兰

- ◆ 学名：*Anoectochilus roxburghii*
- ◆ 科属：兰科开唇兰属

识别要点及生境：

　　地生草本，花白色或淡红色，蒴果，花期8~12月。生于林下或沟谷阴湿处。

钩状石斛生境及花朵特写

钩状石斛

- ◆ 学名：*Dendrobium aduncum*
- ◆ 科属：兰科石斛属

识别要点及生境：

　　附生草本，花瓣淡粉红色，蒴果，花期5~6月。生于山地林中树干上或岩石上。

美冠兰小花花橄榄绿色

美冠兰

◆ 学名：*Eulophia graminea*
◆ 科属：兰科美冠兰属

识别要点及生境：

地生草本，花橄榄绿色，蒴果，花期 4~5 月，果期 5~6 月。生于疏林草地上、山坡阳处。

半柱毛兰生境

半柱毛兰

◆ 学名：*Eria corneri*
◆ 科属：兰科毛兰属

识别要点及生境：

附生草本，花白色或略带黄色，蒴果，花期 8~9 月，果期 10~12 月。生于树上或岩石上。

高斑叶兰生境

高斑叶兰

◆ 学名：*Goodyera procera*
◆ 科属：兰科斑叶兰属

识别要点及生境：

地生草本，花白色带淡绿，蒴果，花期 4~5 月。生于林下、路边及岩隙中。

见血青花紫色或黄绿带紫

见血青

◆ 学名：*Liparis nervosa*
◆ 科属：兰科羊耳蒜属

识别要点及生境：

地生草本，花瓣丝状，蒴果，花期 2~7 月，果期 10 月。生于林下、溪谷或岩石覆土上。

撕唇阔蕊兰的总状花序及叶片

撕唇阔蕊兰

- ◆ 学名：*Peristylus lacertifer*
- ◆ 科属：兰科阔蕊兰属

识别要点及生境：

　　地生草本，花绿白色或白色，蒴果，花期 7~10 月。生于林下、山坡或土壁上。

香港带唇兰花瓣与萼片近等大

香港带唇兰

- ◆ 学名：*Tainia hongkongensis*
- ◆ 科属：兰科带唇兰属

识别要点及生境：

　　地生草本，花黄绿色带紫褐色斑点和条纹，蒴果，花期 4~5 月。生于林下或山间路旁。

线柱兰

- ◆ 学名：*Zeuxine strateumatica*
- ◆ 科属：兰科线柱兰属

识别要点及生境：

　　地生草本，花白色或黄白色，蒴果，花期春季，果期夏季。生于沟边或草地中。

线柱兰的总状花序

寄树兰花朵及叶片特写

寄树兰

- ◆ 学名：*Robiquetia succisa*
- ◆ 科属：兰科寄树兰属

识别要点及生境：

　　附生草本，叶二列，圆锥花序，萼片和花瓣淡黄色或黄绿色，唇瓣白色。花期 6~9 月，果期 7~11 月。生于树干上或石壁上。

中文名称索引